高等学校系列教材

# 工程力学（上）

刘　纲　黄　超　王达诠　主　编
汪之松　曹　亮　刘界鹏　副主编

中国建筑工业出版社

**图书在版编目（CIP）数据**

工程力学. 上 / 刘纲，黄超，王达诠主编；汪之松，
曹亮，刘界鹏副主编. — 北京：中国建筑工业出版社，
2023.4

高等学校系列教材

ISBN 978-7-112-28330-9

Ⅰ. ①工… Ⅱ. ①刘… ②黄… ③王… ④汪… ⑤曹
… ⑥刘… Ⅲ. ①工程力学-高等学校-教材 Ⅳ.
①TB12

中国国家版本馆 CIP 数据核字（2023）第 017622 号

本教材分上下两册，上册内容包括：绪论，几何组成分析与力学简图，力系的简化和平衡，杆件的内力计算与内力图，静定平面结构的内力分析，杆件的应力及强度计算，应力状态、强度理论与组合变形。下册内容包括：杆系结构的变形与位移计算，超静定结构的内力分析，压杆稳定，结构的动力计算，直角坐标系下的平面问题解析解。

本教材适合高等学校智能建造、土木工程、工程管理、建筑技术、水利工程、海洋工程、交通工程等专业的师生。为方便教师授课，本教材作者自制免费课件并提供习题答案，索取方式为：1. 邮箱 jckj@cabp.com.cn；2. 电话（010）58337285；3. 建工书院 http：//edu. cabplink.com。

责任编辑：李天虹
责任校对：孙　莹

高等学校系列教材

**工程力学（上）**

刘 纲 黄 超 王达诠 主 编
汪之松 曹 亮 刘界鹏 副主编

\*

中国建筑工业出版社出版、发行（北京海淀三里河路9号）
各地新华书店、建筑书店经销
北京鸿文瀚海文化传媒有限公司制版
廊坊市海涛印刷有限公司印刷

\*

开本：787毫米×1092毫米　1/16　印张：11　字数：270千字
2023年4月第一版　2023年4月第一次印刷
定价：**36.00**元（赠教师课件）
ISBN 978-7-112-28330-9
（40655）

# 前　　言

　　力学作为基础学科，着重阐明客观世界中物质能量和力的平衡、变形及运动规律，为土木工程的设计原理、计算方法和试验手段提供了依据。土木工程从半坡村遗址到赵州桥、从应县木塔到奥运会"鸟巢"的跨越式发展，离不开力学方法的创新性应用。力学和工程两者相互促进，工程为表、力学为里，共同推动了土木工程技术的快速发展。

　　从 17 世纪力学发展为一门独立、系统的学科以来，为解决更为复杂的土木工程问题，又分化为理论力学、材料力学、结构力学、弹性力学等具体门类，依次递进又相互独立发展，共同构成了土木工程的力学基础。20 世纪 60 年代以来计算机得到广泛应用，电算已全面代替手算，大型力学方程的并行计算、人工智能求解复杂力学方程已初显成效，为力学发展提供了广阔空间和新途径。面向力学与计算机、人工智能紧密结合的新发展趋势，读者更需一本能打破力学门类界限，从总体上把握力学规律以及求解方法的教科书，从而适应未来土木工程更为系统、复杂和综合的挑战。

　　本书突破了传统理论力学、材料力学、结构力学、弹性力学的课程界限，将其经典内容进行整合，剔除重复部分（例如内力计算、变形计算等），强调概念，弱化手算，优化编排。教学内容组织思路：实际结构→力学模型→数学模型→平衡分析→内力分析→简单应力状态的强度计算→复杂应力状态的强度计算→变形及位移计算→超静定结构内力分析→压杆稳定→结构动力计算→平面问题（非杆状结构）的解析解。

　　本书由重庆大学、湖南大学土木工程学院长期从事力学教学、科研和工程实践的教师编写，强调对工程本质、力学规律的阐述。全书分为上（共 7 章）、下（共 5 章）两册。本书为上册，主编为刘纲、黄超、王达诠，副主编为汪之松、曹亮、刘界鹏，主审为刘德华。

　　由于作者水平及时间有限，本书在章节安排、内容选取及衔接上还有考虑不周之处，疏漏和错误在所难免，欢迎使用本书的教师和读者对缺点和错误予以批评指正。

# 目　录

# 第1章 绪论

- 本章教学的基本要求：了解工程力学研究对象和任务；了解力系及荷载分类；掌握工程结构约束的构造及简化；了解选取结构计算简图的原则、要求及其主要内容。
- 本章教学内容的重点：工程力学研究对象和任务；杆件结构的计算简图。
- 本章教学内容的难点：如何将实际结构简化为计算简图。
- 本章内容简介：

1.1 工程力学研究对象和任务
1.2 工程力学基本假定
1.3 力、力系及荷载分类
1.4 工程结构典型约束及简化
1.5 结构计算简图

## 1.1 工程力学研究对象和任务

### 1.1.1 工程结构

建筑物和构筑物中用以支承、传递荷载并维持其使用功能和形态的部分，称为工程结构，简称结构。例如，建筑房屋中的梁柱体系，公路和铁路上的桥梁和隧道，电力通信系统中的输电塔和电视塔，以及水工建筑物中的水坝和闸门等。

工程力学以工程结构为研究对象，图 1-1 给出了我国古代及现代工程结构的一些实例。

（1）赵州桥

赵州桥始建于隋代，已有 1400 余年历史，是世界上现存年代久远、跨度最大、保存最完整的单孔坦弧敞肩石拱桥，如图 1-1（a）所示。

（2）应县木塔

应县木塔始建于公元 1056 年，是我国现存最高、最古老的一座全木结构塔式建筑，与比萨斜塔、埃菲尔铁塔并称为"世界三大奇塔"，如图 1-1（b）所示。

（3）上海中心大厦

上海中心大厦主楼地上 127 层，高 632m，为由三维巨型框架-核心筒及其间相互联系的伸臂钢桁架所组成的三重结构体系，于 2016 年 3 月竣工，如图 1-1（c）所示。

（4）港珠澳大桥

港珠澳大桥是一座连接香港、珠海和澳门的桥隧工程，桥隧全长 55km，其中主桥

(a) 赵州桥

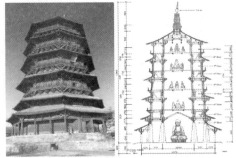

(b) 应县木塔

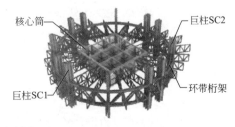

(c) 上海中心大厦

(d) 港珠澳大桥

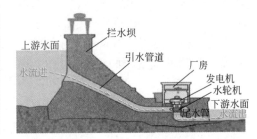

(e) 三峡大坝

(f) 秦岭终南山公路隧道

图 1-1  工程结构实例

29.6km，于 2018 年 10 月开通运营，如图 1-1（d）所示。

（5）三峡大坝

三峡大坝为世界上规模最大的混凝土重力坝，坝顶总长 3035m，高 185m。主体工程于 2006 年 5 月建成，如图 1-1（e）所示。

（6）秦岭终南山公路隧道

秦岭终南山公路隧道全长 18.02km，为世界上最长的公路隧道，双洞四车道，设计速度 80km/h，主体工程于 2007 年 1 月竣工，如图 1-1（f）所示。

## 1.1.2　工程结构分类

任何工程结构都由若干部件或构件所组成。根据结构中主要构件三维尺寸的相对大小，工程结构可分为以下三类：

当主要构件的轴向长度远大于其横截面宽度和高度时，称为杆件结构，梁、拱、桁架、刚架等是其典型形式，图 1-1（a）中赵州桥、图 1-1（d）中港珠澳大桥均可简化为杆件结构进行力学分析。

当主要构件两个方向的长度远大于第三个方向时，称为薄壁结构，板、壳、膜是工程中应用较多的薄壁结构，图 1-1（c）中上海中心大厦内部的核心筒为薄壁结构。

当主要构件三个方向的尺寸相差不多，或者说基本在同一个量级时，称为实体结构，大坝、挡土墙、墩台、块体基础等均是实体结构，图 1-1（e）中三峡大坝是典型的实体结构。

## 1.1.3　工程力学的任务

组成工程结构的各个构件通常都要受到各种外力的作用，构件在外力作用下丧失正常功能的现象称为失效或破坏。工程结构中的构件必须满足以下三个方面的要求，才能正常工作：

（1）构件在外界作用下不会发生不可恢复的塑性变形或断裂，这就要求构件必须具有足够的强度，即构件抵抗破坏的能力。

（2）构件在外界作用下不会发生过量的变形，这就要求构件必须具有足够的刚度，即构件抵抗变形的能力。

（3）构件在外界作用下应能保持原有形状下的平衡，即稳定的平衡，这就要求构件必须具有足够的稳定性。

工程结构可能遭遇地震、台风等动力作用，此时还要考虑结构的动态特性，包括固有频率、阻尼比和振型，以及计算结构在这些动力作用下随时间变化的位移、受力等动态响应。

工程力学是以结构为研究对象，运用力学的一般规律分析和求解静力作用下结构受力、变形和稳定性，以及动力作用下结构动态响应的一门学科，为结构全生命周期内安全适用、经济合理地设计、施工、运维与拆除提供理论依据和计算方法。因此，研究作用在结构上力系的简化和力系的平衡，以及结构构件的强度、刚度、稳定性及其动态特性、动态响应是工程力学的主要任务。

# 1.2 工程力学基本假定

## 1.2.1 变形体与刚体

工程构件受力后，其几何形状和几何尺寸都要发生改变，这种改变称为变形，这些构件称为变形体。但如果物体的变形与其原始尺寸相比很小，忽略这种变形后，对所研究问题结果的精确度影响甚微，且可使问题大为简化，此种情形就可以把这个物体抽象化为刚体。所谓刚体是指在运动中和受力作用后，形状和大小都不发生改变，而且内部各点之间的距离不变的物体。刚体是从实际物体抽象得来的一种理想的力学模型，自然中并不存在。一个平面刚体称为一个刚片。

## 1.2.2 工程固体材料基本假定

工程结构是由很多部件组成的，而部件是由材料所构成。为了使工程结构研究的问题得到简化，常常略去材料的次要性质，根据其主要性质作出假设，将它们抽象为一种理想模型，然后进行理论分析。为此，对变形体提出如下几个基本假设与工作假定：

**1. 连续均匀性假定**

连续是指材料内部没有空隙，均匀是指材料的力学性质各处都相同。这一假定称为连续均匀性假定。

根据这一假定，工程结构内因受力和变形而产生的内力和位移都将是连续的，因而可以表示为各点坐标的连续函数，从而有利于建立相应的数学模型。所得的理论结果便于应用于工程设计。

**2. 各向同性假定**

在所有方向上均具有相同的力学性能的材料，称为各向同性材料。大多数工程材料虽然微观上不是各向同性的，例如金属材料，其单个晶粒呈结晶各向异性，但当它们形成多晶聚集体的金属时，呈随机取向，因而在宏观上表现为各向同性。如果材料在不同方向上具有不同的力学性能，则称这类材料为各向异性材料。如木材、胶合板、复合材料等就属于这种类型。

**3. 小变形假设**

小变形假设即假设工程结构在外力作用下所产生的变形与物体本身的几何尺寸相比是很小的。根据这个假设，当考察变形固体的平衡等问题时，可以不考虑工程结构的变形，而仍按其变形前的原始尺寸进行计算。这样做不但引起的误差很微小，而且使实际计算大为简化。

**4. 线弹性假设**

工程上所用的材料，当荷载不超过一定的范围时，材料在卸去荷载后可以恢复原状。但当荷载过大时，则在荷载卸去后只能部分地复原，而残留一部分不能消失的变形。在卸去荷载后能完全消失的那一部分变形称为弹性变形，不能消失而残留下来的那一部分变形则称为塑性变形。线弹性是指外力与弹性变形始终成正比，许多构件在正常工作条件下其材料均处于线弹性变形状态，所以工程力学中所研究的大部分问题都局限在线弹性范围内。

# 1.3　力、力系及荷载分类

## 1.3.1　力

使结构改变运动状态或形变的原因称为力。实践表明，力对结构的作用效应取决于力的大小、方向和作用点，这三者统称为力的三要素。

力的大小反映了外界与结构构件、结构构件之间作用的强弱程度。力的方向包括力所顺沿的直线（力的作用线）在空间的方位和力沿其作用线的指向。力的作用点是力作用位置的抽象化。实际工程中力作用的位置并不是一个点，而是结构的某一区域，如果这个区域相对于结构很小或由于其他原因以致力的作用区域可以不计，则可将它抽象为一个点，此点称为力的作用点，而作用于这个点上的力，称为集中力（图 1-2a）。在国际单位制中，集中力的单位以"牛顿"或"千牛顿"度量，分别以符号"N"或"kN"表示。

如果力的作用区域不能忽略，则称为分布力（图 1-2b）。若力均匀分布于作用区域称为均布力，否则称为非均布力。如果力分布在某个面上，称为面分布力，如水压力、风压力等，常用每单位面积上所受力的大小来度量，称为面分布力集度，国际单位是 $N/m^2$（牛/米$^2$）；如果力分布在某个体积上，称为体分布力，例如重力，它常用每单位体积上所受力的大小来度量，称为体分布力集度，国际单位是 $N/m^3$（牛/米$^3$）。

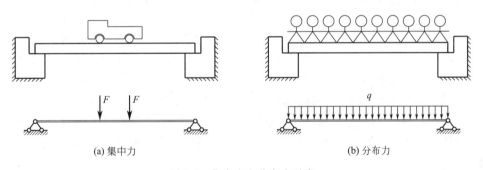

(a) 集中力　　　　　　　　　　　　　　　(b) 分布力

图 1-2　集中力和分布力示意

## 1.3.2　力系

作用在结构上所有力的集合称为力系（图 1-3）。当力系中各力作用线位于同一平面内，称为平面力系；否则称为空间力系。在平面力系的范围里，当力系中各力作用线汇交于同一点，称为平面汇交力系；当各力的作用线既不汇交于同一点，又不全部相互平行，这样的力系称为平面任意力系；当各力作用线相互平行，称为平行力系。同样的，空间力系也可分为空间汇交力系和空间任意力系。

## 1.3.3　荷载

使结构产生内力和变形等效应的原因，统称为结构上的作用，包括直接作用和间接作用。直接作用是指直接施加在结构上的各种主动外力（集中力和分布力），通常称为荷载。间接作用是指引起结构外加变形或约束变形的作用，例如温度变化、支座移动、制造误

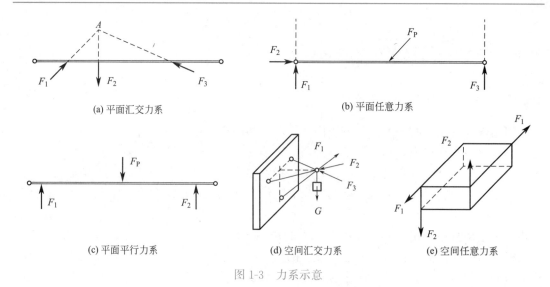

(a) 平面汇交力系　　　　　　　　　　　　(b) 平面任意力系

(c) 平面平行力系　　　(d) 空间汇交力系　　　(e) 空间任意力系

图 1-3　力系示意

差、材料收缩以及松弛、徐变等，可称为广义荷载。

根据我国现行国家标准《建筑结构荷载规范》GB 50009 规定，荷载按照时间随机性可分为三类：

**永久荷载**（亦称恒载）：在结构使用期间内，其值不随时间发生变化，或其变化与平均值相比可忽略不计的荷载，例如结构自重、固定设备、土压力等。

**可变荷载**（亦称活载）：在结构使用期间内，其值随时间变化，且其变化与平均值相比无法忽略的荷载，例如人群、风、流水压力、移动的吊车、汽车和高铁等。

**偶然荷载**：在结构使用期间不一定出现，但若出现，其值很大且持续时间很短的荷载，如地震、爆炸冲击荷载等。

若按荷载作用的动态效应进行分类，则可分为以下两类：

**静力荷载**：其大小、方向和位置不随时间变化或变化极为缓慢，不会使结构产生显著的振动，因而可略去惯性力的影响。恒载以及只考虑位置改变而不考虑动力效应的移动荷载都是静力荷载。

**动力荷载**：随时间变化且使结构产生显著振动的荷载，其惯性力的影响不能忽略，如往复周期荷载（机械运转时产生的荷载）、冲击荷载（爆炸冲击波）和瞬时荷载（地震、风振）等。

惯性力是将不平衡体系中的加速度与其所属质量相乘后反号而得的一种力。若将惯性力引入体系中，在给定瞬时，可使其与体系所受原力系达成瞬时动平衡，从而将动态分析问题转换为静力平衡问题。采用这一思路进行动态分析，称为应用了达朗贝尔原理，或使用了动静法。

# 1.4　工程结构典型约束及简化

## 1.4.1　约束

对工程结构的运动所预加的限制条件称为约束，例如用绳索悬挂的重物，绳索限制了重物在其自重作用下的下坠，绳索是重物的约束。约束将限制工程结构的运动，则当工程结构沿约束所限制的方向有运动趋势时，约束对工程结构必然有力作用，以阻碍其运动，这种力称为约束反力。

　　将工程结构或构件连接在墙、柱、机座等支承物上的装置称为支座，工程结构构件与支座之间的约束称为外部约束；工程结构内部构件之间的约束称为内部约束。

## 1.4.2　外部约束及约束反力

　　工程中约束的构成方式是多种多样的，为了确定约束反力的作用方式，必须对约束的构成及性质进行具体分析，并结合具体工程，进行抽象简化，得到合理、准确的约束模型。下面介绍在工程中常见的几种约束类型及其约束反力的特性。

### 1. 柔索约束

　　由柔软而不计自重的绳索、胶带、链条等所构成的约束统称为柔索约束。由于柔索约束只能限制被约束物体沿柔索中心线伸长方向的运动，所以柔索约束的约束反力必定过连系点，沿着柔索约束的中心线且背离被约束物体，表现为拉力，用符号 $F_{\mathrm{T}}$ 表示。如图 1-4 所示。

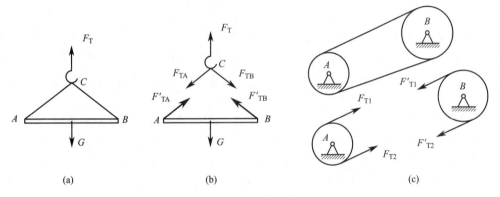

图 1-4　柔索约束

### 2. 光滑接触面约束

　　两刚体直接接触，当接触面摩擦忽略不计时为光滑接触面约束。这种约束只能限制物体沿着接触面在接触点的公法线方向且指向接触面的运动，而不能限制刚体沿接触处切面方向或离开接触面的运动。因此，光滑接触面约束的约束反力过接触点，沿接触面的公法线并指向被约束物体的接触面（表现为压力）。通常用 $F_{\mathrm{N}}$ 表示，如图 1-5 所示。

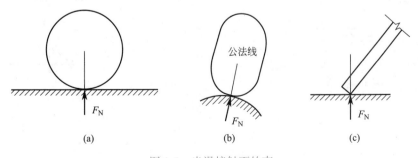

图 1-5　光滑接触面约束

**3. 链杆**

两端用光滑铰链与外连接且内部不受力（包括自重）的直杆称为链杆，例如图 1-6（a）中 $AB$ 杆。这种约束只能限制物体上的铰结点沿链杆轴线方向的运动，而不能限制其他方向的运动。因此，链杆的约束反力沿着链杆中心线，根据实际情况可为拉力或压力，常用符号 $F$ 表示。图 1-6（b）、（c）、（d）分别为链杆的力学简图及其约束反力的表示方法。

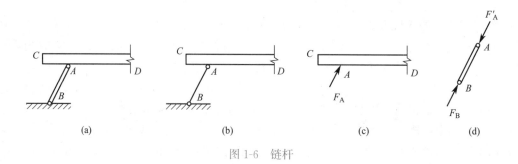

(a)          (b)          (c)          (d)

图 1-6 链杆

**4. 固定铰支座**

在支承底板钻出直径相同的圆孔，并用销钉将杆件与支座进行连接，不计销钉与销钉孔壁间的摩擦，形成固定光滑圆柱形铰链约束，称为固定铰支座，其构造如图 1-7（a）、（b）所示，力学简图如图 1-7（d）所示。通常为避免在构件上钻孔而削弱构件的承载能力，可在构件上固结另一个用以钻孔的物体形成固定铰支座，如图 1-7（c）所示。

固定铰支座只能限制构件在垂直于铰链轴线平面内的相对移动，但不能限制构件绕销钉轴线的相对转动。因此，固定铰支座的约束反力作用在销钉与圆孔的接触点，位于与销钉轴线垂直的平面内，并通过销钉中心，但其具体方向随所受荷载不同而发生变化。对固定铰支座 $A$ 处的反力，可分别采用水平方向和竖直方向的 $F_{Ax}$ 和 $F_{Ay}$ 来表示。

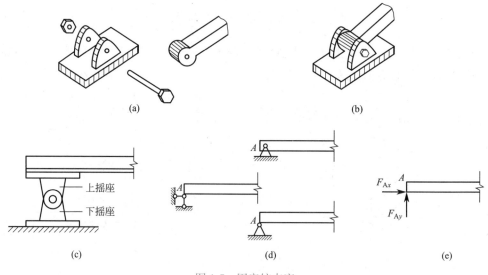

(a)                    (b)

(c)          (d)          (e)

图 1-7 固定铰支座

**5. 固定支座**

在构件支承处牢固连接使构件与支座完全固定，构件在支承处不能发生任何方向的移动和转动，称为固定支座。例如图 1-8（a）所示混凝土柱中的钢筋完全深入基础，柱下端被完全固定，则可视为固定支座。固定支座处反力大小、方向和作用点位置都是未知的，对固定支座 $A$ 处的反力，通常用水平反力 $F_{Ax}$、竖向反力 $F_{Ay}$ 和反力偶 $M_A$ 来表示，如图 1-8（b）所示。

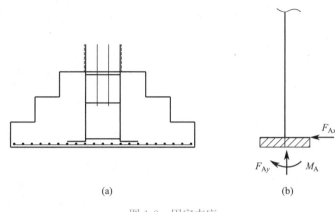

图 1-8　固定支座

## 1.4.3　内部约束及约束反力

**1. 铰链**

工程结构中两构件分别被钻上直径相同的圆孔并用销钉连接起来，不计销钉与销钉孔壁间的摩擦，这类约束称为光滑圆柱形铰链约束，简称铰链，如图 1-9（a）所示。铰链的力学简图如图 1-9（b）所示。

铰链就其构造和约束性质来说，与固定铰支座约束相同。因此，铰链约束反力（图 1-9c）与固定铰支座的约束反力形式也相同，通常用两个相互垂直的分力 $F_{Ax}$、$F_{Ay}$ 表示，如图 1-9（d）所示。

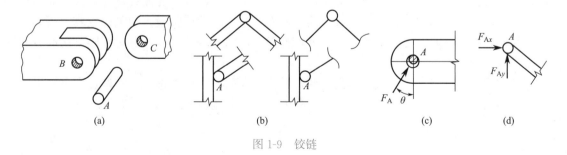

图 1-9　铰链

**2. 刚结点**

工程结构中两个构件牢固连接在一起，即两个构件在连接端不能发生相对转动，也不能发生相对移动，这类约束称为刚结点。例如图 1-10（a）所示现浇钢筋混凝土框架结构的顶层边结点，梁和柱的钢筋在该处用混凝土浇成整体，当梁受力后，该结点处梁端和柱端虽均发生了转角$\varphi$，但梁端和柱端的相对转角为零，如图 1-10（b）所示。刚结点不但能承受和传递力，而且能承受和传递力矩，其力学简图如图 1-10（c）所示。

刚结点就其构造和约束性质来说，与固定支座约束相同。因此，刚结点的反力与固定支座的反力形式也相同，通常用水平力$F_{Ax}$、竖向力$F_{Ay}$和反力偶$M_A$来表示，如图 1-10（c）所示。

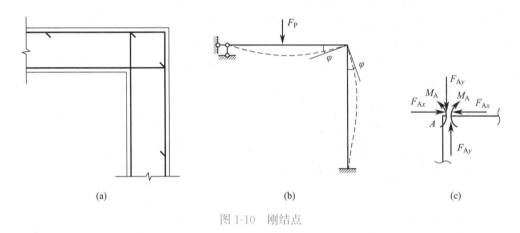

图 1-10　刚结点

# 1.5　结构计算简图

实际工程结构的组成、构造十分复杂，完全按照结构的实际情况进行力学分析，既不可能，也无必要。在结构计算中，经过科学抽象加以简化，用以代替实际结构的计算图形，称为结构计算简图。将实际结构简化为结构计算简图是力学计算的基础，极为重要。

### 1.5.1　选取的原则及要求

选取原则：一要从实际出发；二要分清主次。

选取要求：既要尽可能正确地反映结构的实际工作状态，又要尽可能使计算简化。有时，根据不同的要求和具体情况，对于同一实际结构也可选取不同的计算简图。例如，在初步设计阶段，可选取比较简略的计算简图，而在施工图设计阶段，则可选取较为精确的计算简图；用手算时，可选取较为简单的计算简图，而采用计算机计算时，则可选取较为复杂的计算简图。

总的来说，这是一个比较复杂的问题，结构计算简图的合理选择，需经过本书以下逐章的学习、相关专业课的学习以及今后工作的实践，才能逐渐理解和把握得更准确。

### 1.5.2　计算简图简化步骤

将实际结构简化为计算简图通常包括以下几个方面的内容：

**1. 结构体系的简化**

实际工程结构都是空间结构，其计算工作量一般都很大。在大多数情况下，常可忽略一些次要的空间约束，而将其简化为平面结构，使计算得到简化，并能满足工程精度要求。

**2. 几何形式的简化**

土木工程中的大多数结构属于杆件结构。对于杆件结构，通常可认为杆件内力只沿杆长方向变化，因此，无论直杆或曲杆，均可用各横截面形心的连线（轴线）代替杆件，按杆件轴线形成的几何轮廓来代替原结构。

**3. 材料性质简化**

土木工程所用材料一般均假设为连续、均匀、各向同性、完全弹性或弹塑性。对于金属材料，以上假设在一定受力范围内是符合实际情况的；而对于混凝土、砖、石、木材等材料，则带有不同程度的近似性。

**4. 支座和结点简化**

根据支座对结构的约束作用，平面结构的支座可简化为活动铰支座、固定铰支座和固定支座等支座形式。实际结构各构件连接的形式多种多样，但通常可以简化为铰结点和刚结点。

**5. 荷载简化**

在对结构进行分析时，常将荷载简化为沿构件轴线连续分布的线荷载或作用在一点的集中力。例如，对于水平放置的混凝土梁，可以将其自重简化为沿梁轴线均匀分布的线荷载。当荷载的作用面积相对于构件的几何尺寸很小时，可以将其简化为集中力。

## 1.5.3　结构体系的简化

【例 1-1】图 1-11（a）为一根两端搁在墙上的梁，其上放置重物，试确定该梁的计算简图。

解：（1）结构体系和几何形状简化

梁属于杆件结构，在重物和自重作用下，梁的变形主要发生在竖向平面内，故该梁可简化为平面杆件结构。且梁主要产生弯曲变形，两端墙体对梁的竖向线位移起到约束作用，但不能约束梁端转角变形，故该梁可简化为沿其轴线方向的杆件，如图 1-11（b）所示。

（2）支座和结点简化

梁两端支撑在厚度为 $b$ 的墙体两端，仅有支座，没有杆件之间连接的结点。考虑到墙反力沿墙厚方向的分布规律难以确定，工程中往往假设该反力沿墙厚方向均匀分布，并以作用于墙厚中点的合力来代替分布的反力。同时，梁与墙之间的支承面有摩擦，梁不能左右移动，但受温度变化时，在热胀冷缩效应下梁仍可伸长和缩短。因此，可将梁两端的支座简化为墙厚中点位置上的一个固定铰支座和一个活动铰支座，

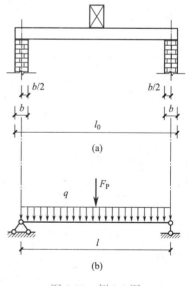

图 1-11　例 1-1 图

如图 1-11（b）所示。梁的长度为 $l_0$，墙厚为 $b$，则梁的计算跨度 $l = l_0 - b$。

（3）荷载简化

从图 1-11（a）可知，重物在梁长方向的分布尺寸较小，可将其简化为一集中荷载，

用 $F_P$ 表示。梁的自重可看成一个沿梁轴线的均布荷载，用 $q$ 表示。设梁的重量为 $W$，则荷载集度 $q$ 为 $q=W/l$。

## 思考题

1-1　什么是结构？土木工程中常见的结构类型有哪些？

1-2　工程力学的研究对象和任务是什么？

1-3　土木工程结构将承受哪些荷载？

1-4　说明下列式子的意义和区别：

（1）$\boldsymbol{F}_1=\boldsymbol{F}_2$，（2）$F_1=F_2$，（3）力 $\boldsymbol{F}_1$ 等于力 $\boldsymbol{F}_2$。

1-5　判断下列说法是否正确？为什么？

（1）刚体是指在外力作用下变形很小的物体。

（2）处于平衡状态的物体就可视为刚体。

（3）若作用于刚体上的三个力共面且汇交于一点，则刚体一定平衡。

（4）若作用于刚体上的三个力共面，但不汇交于一点，则刚体一定不能平衡。

1-6　支座及结点连接的简化依据是什么？

1-7　为什么要将实际结构简化为计算简图？结构计算简图与实际结构有哪些区别和联系？

# 第 2 章  几何组成分析与力学简图

- 本章教学的基本要求：掌握几何不变体系、几何可变体系概念；掌握平面杆系结构几何组成分析原理及方法；了解几何组成与静力特性计算之间的关系；掌握静力学基本公理；掌握各类结构受力分析方法。
- 本章教学内容的重点：几何不变体系的基本组成规则及其应用；结构受力体分析方法。
- 本章教学内容的难点：如何灵活应用三个基本组成规则分析结构几何组成性质。
- 本章内容简介：

2.1  结构几何组成分析
2.2  静力学基本公理
2.3  结构受力分析

## 2.1  结构几何组成分析

### 2.1.1  几何不变体系与几何可变体系

实际工程结构在荷载等外因作用下，由于杆件自身发生变形（材料产生应变），其几何形状和位置均发生较小改变，如图 2-1（a）所示。在讨论杆件体系几何组成时，往往不考虑杆件自身变形，即认为杆件为刚片（平面内的刚体），则平面杆件结构的几何形状和位置均不会改变，如图 2-1（b）所示。若平面杆件体系的构造如图 2-1（c）所示，即使杆件为刚片，也会在荷载等外因下产生刚体运动，此时，该体系不具有几何稳定性，若体系还能持续发生刚体运动，则成为机构。因此，忽略杆件体系中各部件的弹性变形，把它们视为刚片，这是几何组成分析的前提。

根据杆件体系是否具有几何稳定性，可分为以下两类：

几何不变体系：受到任意外力或外部干扰等作用后，若不考虑杆件自身变形，其几何形状和位置均能唯一确定的体系（图 2-1b）。

几何可变体系：受到任意外力或外部干扰等作用后，由于刚体运动导致杆件几何形状和位置可以发生改变的体系（图 2-1c）。

几何不变体系能够在承受一定的外力或外部干扰作用时维持自身形状不变，可以作为工程结构。因此，几何组成分析的主要目的在于：

（1）检查并设法保证杆件体系是几何不变体系，从而确定其为工程结构；

（2）根据几何不变体系是否含有多余约束，选取相应计算方法进行结构受力分析；

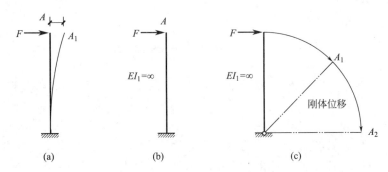

图 2-1 几何不变体系和几何可变体系

（3）掌握平面几何不变体系的组成规则，以指导结构的合理计算和设计。

### 2.1.2 平面几何不变体系的基本组成规则

结构体系通过各刚片之间设置足够的、合理布置的约束来保证体系的几何不变性。多数杆件体系的几何组成性质可通过几何组成规则来判定，其中，几何不变体系判定的总规则为：铰结三角形是几何不变的（几何定理：定长三边组成的三角形是唯一的），而铰结四边形是几何可变的。铰结三角形是指三根链杆用铰结点两两相连所构成的三角形。在此基础上，可建立三条基本规则：

**1. 二元体规则**

二元体规则可表述为：一个点与一个刚片用两根不共线的链杆相连，则组成内部几何不变且无多余约束的体系。由两根不共线的链杆联结一个结点的装置，称为二元体，如图 2-2（a）所示。在图 2-2（b）中，结点 $A$ 和链杆 $AB$、$AC$ 组成一个二元体。在体系中依次增加或删去二元体，不会改变体系的几何组成性质。

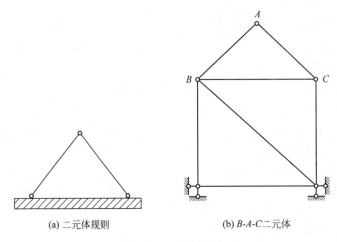

(a) 二元体规则          (b) $B\text{-}A\text{-}C$ 二元体

图 2-2 二元体规则

**2. 两刚片规则**

连接两刚片或两根杆的一个铰结点称为单铰，由于单铰的约束效果等效于两根链杆，故两刚片规则可分两种情况进行表示：

表述一：两刚片用一铰和一链杆相连，且链杆所在直线不通过铰，则组成内部几何不变且无多余约束的体系，如图 2-3（a）所示。

表述二：两个刚片用三根链杆相连，且三根链杆所在直线不全交于一点也不全平行，则组成内部几何不变且无多余约束的体系，如图 2-3（b）所示。

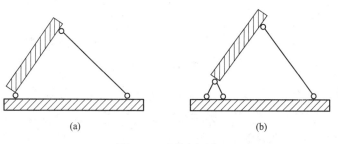

（a）　　　　　　　　　　　　（b）

图 2-3　两刚片规则

**3. 三刚片规则**

三刚片规则可表述为：三个刚片用三个铰两两相连，且三个铰不在一直线上，则组成内部几何不变且无多余约束的体系，如图 2-4（a）所示。

当三刚片用三个在一条直线的铰两两相连时，所构成的体系是几何可变体系，如图 2-4（b）所示。将 $AB$ 杆视为刚片Ⅰ，$AC$ 杆视为刚片Ⅱ，地基视为刚片Ⅲ，则刚片Ⅰ、Ⅱ之间用铰 $A$ 相连，刚片Ⅰ、Ⅲ之间用铰 $B$ 相连，刚片Ⅱ、Ⅲ之间用铰 $C$ 相连。但由于刚片 $BA$ 可绕 $B$ 发生转动、刚片 $CA$ 可绕 $C$ 发生转动，而铰 $A$ 在 $BA$、$CA$ 为半径所作圆弧的切点上，铰 $A$ 可在上述两个圆弧公切线方向上存在刚体运动趋势（即极微小的刚体运动）。若考虑杆件变形，在铰 $A$ 沿二圆弧切线发生微小位移后，铰 $A$、$B$、$C$ 不再位于一条直线上，铰 $A$ 已无公切线存在，体系无法持续发生位移，即这时体系成为几何不变的。这种只在初始位置具备刚体运动趋势而无法持续发生刚体运动的体系，称为瞬变体系，因其受力后可能产生超出材料承受能力的内力，因此瞬变体系通常不用作工程结构。相应地，能够持续发生刚体运动的体系，则称为常变体系（即机构）。二者均属于几何可变体系。

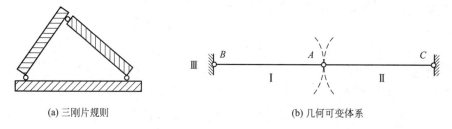

（a）三刚片规则　　　　　　　　　　　（b）几何可变体系

图 2-4　三刚片规则

## 2.1.3　形成几何可变体系的原因

**1. 内部构造不健全**

如图 2-5（a）所示，由两个铰结三角形组成的桁架，可视为在刚片 $AB$ 的基础上，依次增加二元体 $A$-$C$-$B$、$C$-$D$-$B$，故该结构为几何不变体系；但若从其内部抽掉链杆 $CB$，如图 2-5（b）所示，则该体系为典型的铰结四边形，杆件 $AC$、$CD$、$DB$ 可发生持续的刚体位移，变成了几何可变体系。

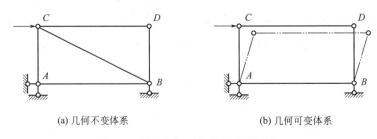

(a) 几何不变体系          (b) 几何可变体系

图 2-5 形成几何可变体系的原因之一

**2. 外部支承不恰当**

如图 2-6（a）所示简支梁结构，若将梁 AB 视为刚片Ⅰ，地基视为刚片Ⅱ，则根据两刚片规则二，该体系为几何不变体系；但若将 A 端水平支杆移至 C 处并设置为竖向支杆，如图 2-6（b）所示，则在图示外力作用下，梁 AB 可相对于地基发生持续的刚体平动，变成了几何可变体系。

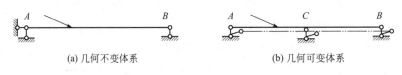

(a) 几何不变体系          (b) 几何可变体系

图 2-6 形成几何可变体系的原因之二

## 2.1.4 几何不变体系的分类

实际工程中的结构，必须在任意荷载作用下能够维持平衡，即结构通常选用几何不变体系，极少采用几何可变体系。

几何不变体系可按是否含有多余约束分为两类。**多余约束**是指在体系中增删此约束后，体系的刚体运动状态不发生改变的约束。相应地，**必要约束**是指在体系中增删此约束后，体系的刚体运动状态会发生改变的约束。例如图 2-6（b）中，3 根竖向支杆中有 1 根是多余约束，另 2 根则是必要约束。同一体系中，必要和多余约束的数量是确定的，但选取方法是多样的。

**1. 无多余约束的几何不变体系**

无多余约束的结构中，所有约束都是必要约束，去除任何一个约束，结构都将从不变成为可变，从而打破平衡。可见，必要约束是结构保持平衡所必需的，因此无多余约束的结构中全部约束产生的反力和内力都可仅通过静力平衡条件求得。例如：如图 2-7（a）所示的简支梁，有三根支座链杆，三个未知支座反力如图 2-7（b）所示，这三个不交于同一点的支座反力，可以由平面一般力系的三个平衡方程求出，从而全部内力都能用平衡条件求解。这类结构称为**静定结构**，几何组成上是几何不变、无多余约束的体系。

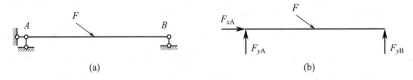

(a)          (b)

图 2-7 静定结构

**2. 有多余约束的几何不变体系**

有多余约束的结构不能仅通过静力平衡条件求得其全部反力和内力。例如：如图 2-8（a）所示的连续梁，其未知支座反力共有 5 个，如图 2-8（b）所示。其竖向 4 根支杆中，有 2 根是必要约束，另 2 根是多余约束。但因具体选取哪两根作为必要约束是任意的，故无法仅通过平衡条件确定图中支反力 $F_{yA}$、$F_{yB}$、$F_{yC}$ 和 $F_{yD}$。这类结构称为**超静定结构**，几何组成上是几何不变、有多余约束的体系。

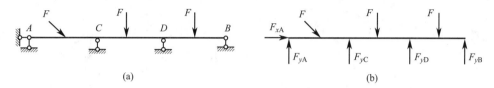

图 2-8　超静定结构

综上，从有无多余约束的角度出发，几何不变体系可分为静定结构和超静定结构。静定结构在几何组成上是无多余约束的几何不变体系，其力学特点是全部支座反力和内力都可以由平衡条件唯一确定。超静定结构在几何组成上是有多余约束的几何不变体系，其力学特点是全部支座反力和内力不能由平衡条件唯一确定。

## 2.1.5　几何组成分析实例

在进行结构组成分析时，往往遵循以下的步骤：

（1）简化

1）若所分析体系中有二元体，则可通过依次去掉二元体减少所需分析的杆件数量；

2）体系中的几何不变部分可视为一个刚片，以减少杆件数量且便于判定刚片与其他杆件的连接关系。

（2）根据几何组成规则进行判定

1）先选取两刚片，利用两刚片规则进行判定；若两刚片无法判定，则选取三刚片进行判定。需注意的是，不管地基在简图中是否连续，其均可视为一个刚片；

2）若所分析体系为多层多跨结构，则往往先分析基本部分，再分析附属部分。

【例 2-1】试对图 2-9 所示铰结链杆体系进行几何组成分析。

解：根据二元体规则，该体系存在较多二元体，如 A-B-C、G-C-D、H-D-E、I-E-F、J-G-K、J-H-K 和 J-I-K，故依次取消这些二元体，最后只剩下地基，故原体系几何不变且无多余约束。

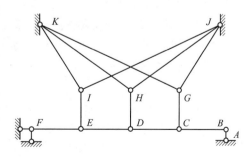

图 2-9　例 2-1 图

另一种分析方法是，在地基上依次增加二元体 J-I-K、J-H-K、J-G-K、I-E-F、H-D-E、G-C-D 和 A-B-C，从而形成图 2-9 所示原体系，由于增加二元体并不改变原体系的几何组成性质，故所得答案完全相同。

【例 2-2】试对图 2-10（a）所示体系进行几何组成分析。

解：首先进行简化，将无多余约束的几何不变部分按基本规则合并为刚片，如图 2-10（b）所示，其中，杆件 *ABCDE*、*BG* 和 *DG* 可并为一个刚片，视为刚片Ⅰ；杆件 *AH*、*HIJ* 和 *FI* 可并为一个刚片，视为刚片Ⅱ。刚片Ⅰ、Ⅱ通过铰 *A* 和链杆 *GJ* 相连，根据两刚片规则表述一，刚片Ⅰ、Ⅱ组成无多余约束的几何不变体系。此时，杆件 *JKE* 为链杆，也连接了刚片Ⅰ、Ⅱ，故原体系为几何不变体系，但有一个多余约束（杆 *JKE*）。

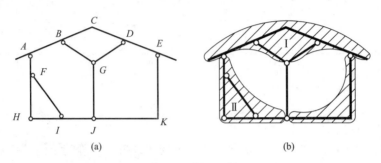

图 2-10　例 2-2 图

【例 2-3】试对图 2-11 所示体系进行几何组成分析。

解：该体系没有明显的二元体及可并合并刚片部分，但根据其构造可知，该体系为多跨结构，则宜先找出基本部分。如图 2-11 所示，分别选取杆件 *AB* 为刚片Ⅰ、地基为刚片Ⅱ，则根据两刚片组成规则表述二，刚片Ⅰ、Ⅱ组成无多余约束的几何不变体系，可并为大刚片 *AB*；其次，将杆件 *BC* 视为刚片Ⅲ，其与大刚片 *AB* 符合两刚片组成规则表述一，则可合并为更大的刚片 *ABC*；最后，将杆件 *CD* 视为刚片Ⅳ，则根据两刚片组成规则表述一，原结构为几何不变且无多余约束的体系。

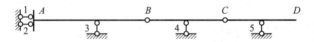

图 2-11　例 2-3 图

【例 2-4】试对图 2-12（a）所示铰结链杆体系进行几何组成分析。

解：先分析基础以外的部分。根据二元体组成规则，依次去掉二元体 *G-H-D*、*C-D-G*、*B-C-F* 和 *B-G-F*，则剩余 *ABEF* 部分，如图 2-12（b）所示。将 *AB* 视为刚片Ⅰ、*EF* 视为刚片Ⅱ，则两刚片仅由两根链杆连接，根据两刚片组成规则，缺少一根链杆，故原体系为几何可变体系。

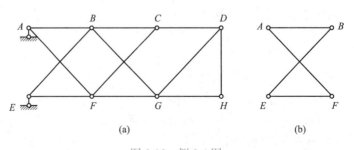

图 2-12　例 2-4 图

## 2.2　静力学基本公理

公理是人们在长期的生活和生产实践中，经过反复的观察和实验总结出来的客观规律，并被认为是无须再证明的真理。工程静力学的基本公理是关于力的基本性质的概括和总结，是研究力系的简化和平衡的基础。

**1. 力的平行四边形法则**

作用于物体上同一点的两个力 $F_1$ 和 $F_2$ 可以合成为一个作用线过该点的合力 $F_R$，合力 $F_R$ 的大小和方向由力 $F_1$ 和 $F_2$ 为邻边所构成的平行四边形的对角线确定。如图 2-13（a）所示。记为：

$$F_R = F_1 + F_2 \tag{2-1}$$

合力 $F_R$ 等于两分力 $F_1$ 和 $F_2$ 的矢量和。

为了简便，作图时可直接将力矢 $F_2$ 平移连在力矢 $F_1$ 的末端 $B$，连接 $A$ 和 $D$ 两点即可求得合力矢 $F_R$（图 2-13b）。这个三角形 $ABD$ 称为力三角形，这样求合力矢的作图方法称为力的三角形法则。

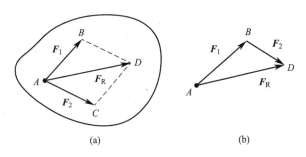

图 2-13　力的平行四边形

力的平行四边形法则既是力系合成的法则，同时也是力分解的法则。根据这一法则可将一个力分解为作用于同一点的若干个分力。实用计算中，往往采用正交分解。

**2. 作用力与反作用力定律（牛顿第三定律）**

两物体间相互作用的力总是大小相等、方向相反、作用线沿同一直线，分别且同时作用在这两个物体上。

这个定律概括了任何两个物体间相互作用的关系。有作用力，必定有反作用力，两者总是同时存在，又同时消失。

**3. 二力平衡公理**

刚体在两个力作用下保持平衡的必要充分条件是：这两个力大小相等、方向相反、作用线沿同一直线（图 2-14）。

这个公理所指出的条件，对于刚体是必要和充分的，但对于变形体就不是充分的。例如，不计重量的软绳在两端受到大小相等、方向相反的拉力作用可以平衡，但如果是压力就不能平衡。同时也应注意，作用力与反作用力虽然也是大小相等、方向相反、作用线沿同一直线，但它们分别且同时作用在不同的两个物

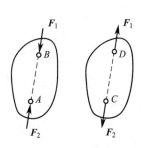

图 2-14　二力体

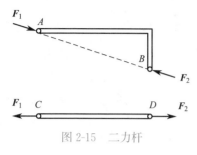

图 2-15　二力杆

体上，并不互成平衡力，因此不能把二力平衡公理同作用与反作用定律混淆。二力平衡公理是推证力系平衡条件的基础。

仅在某两点受力作用并处于平衡的物体（或构件）称为二力体。二力体所受的二力必沿此二力作用点的连线，且等值、反向，例如图 2-15 所示折杆 AB 和直杆 CD 都是二力杆。

**4. 加减平衡力系公理**

在作用于刚体的任意力系上，增加或减去若干个平衡力系，都不会改变原力系对刚体的作用效应。

这个公理的正确性是显而易见的，因平衡力系中各力对刚体作用的总效应等于零。加减平衡力系公理是研究力系等效变换的重要依据。

**5. 刚化公理**

变形体在某一力系作用下处于平衡，如将此变形体刚化为刚体，其平衡状态不变。这个公理指出，刚体的平衡条件，对于变形体的平衡也是必要的。因此，可将刚体的平衡条件，应用到变形体的平衡问题中去。

必须指出，刚体的平衡条件，只是变形体平衡的必要条件，而非充分条件。例如，绳索在等值、反向、共线的两个拉力作用下处于平衡，如将绳索刚化为刚体，其平衡状态保持不变；而绳索在两个等值、反向、共线的压力作用下并不能平衡，此时绳索就不能刚化为刚体。但刚体在上述两种力系的作用下都是平衡的。这说明对于变形体的平衡来说，除了满足刚体平衡条件之外，还应满足与变形体的物理性质相关的附加条件（如绳索不能受压）。

## 2.3　结构受力分析

在工程实际中，无论是解决静力学问题还是解决动力学问题，一般都需要根据待解决的问题，选定合适的研究对象（一个或若干个物体）。工程上所遇到的物体大多是非自由体，它们同周围物体相互连接着。为了分析周围物体对研究对象的作用，往往需解除研究对象所受到的全部约束，将研究对象从周围物体中分离出来，单独画出其力学简图，称为取分离体（亦称为隔离体或脱离体）。将周围各其他物体对研究对象的全部作用用力矢表示在该分离体图上，并弄清楚哪些作用是已知的，哪些是未知的，这样的图形称为该研究对象的受力图。这个分析过程称为物体的受力分析。

对物体进行受力分析并画出受力图，是解决力学问题的第一步，也是关键的一步。画受力图的方法如下：

（1）根据题意，确定研究对象，并画出其分离体的简图，研究对象可以是一个物体、几个物体的组合或物体系统整体。

（2）真实地画出作用于研究对象上的全部主动力（荷载）和已知力，不要运用力系的等效变换或力的可传性改变力的作用位置。

（3）根据约束类型，画出相对应的约束反力。约束反力（除柔索和光滑接触面约束外）指向一般自己假定。

（4）受力图要表示清楚每一个力的作用位置、方位、指向及名称，同一力在不同的受力图上的表示要完全一致。

（5）受力图上只画研究对象的简图及所受的全部外力，不画已被解除的约束，不画分离体自身的内力。每画一个力要有来源，不能多画也不能漏画。

**【例 2-5】** 如图 2-16（a）所示简支梁 *AB*，自重不计，跨中 *C* 处受一集中力 *F* 作用，*A* 端为固定铰支座约束，*B* 端为可动铰支座约束。试画出梁 *AB* 的受力图。

解：（1）取梁 *AB* 为研究对象，解除 *A*、*B* 两处的约束，并画出其简图。

（2）在梁的 *C* 处画出主动力 *F*。

（3）在受约束的 *A*、*B* 处，根据约束类型画出约束反力。*B* 处为可动铰支座，其反力 $F_B$ 过铰链中心且垂直于支承面，指向假定如图 2-16（b）所示；*A* 处为固定铰支座，其反力可用过铰链中心 *A* 的相互垂直的分力 $F_{Ax}$、$F_{Ay}$ 表示，受力图如图 2-16（b）所示。

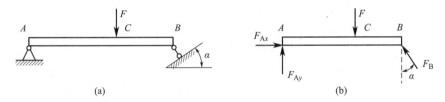

图 2-16　例 2-5 图

**【例 2-6】** 试画出图 2-17（a）所示简支刚架的受力图。自重不计。

解：（1）以刚架 *ABCD* 为研究对象，解除 *A*、*B* 两处的约束，并画出其简图。

（2）画出作用在刚架上的主动力，*D* 点受水平集中力 *F*，*CD* 段受有均布荷载，其集度为 *q*。

（3）在受约束的 *A*、*B* 处，根据其约束类型画出约束反力。*B* 处是可动铰支座，其约束反力 $F_B$ 过铰链中心并垂直于支承面，指向假定如图 2-17（b）所示；*A* 处为固定铰支座，其约束反力作用线方位无法预先确定，用过铰链中心 *A* 的两个相互垂直分力 $F_{Ax}$、$F_{Ay}$ 表示，受力图如图 2-17（b）所示。

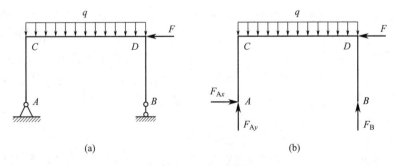

图 2-17　例 2-6 图

**【例 2-7】** 自重不计的三铰刚架及其受力情况如图 2-18（a）所示。试分别画出构件 *AC*、*BC* 和整体的受力图。

解：（1）取 $BC$ 为研究对象，解除 $B$、$C$ 两处的约束，单独画出 $BC$ 的简图。由于不计自重，$BC$ 构件仅在 $B$、$C$ 两点受力作用而平衡，故为二力构件。$B$、$C$ 两处反力 $F_B$、$F_C$ 的作用线必沿 $B$、$C$ 两点的连线，且 $F_B = -F_C$。受力图如图 2-18（b）所示。

（2）取 $AC$ 构件为研究对象，解除 $A$、$C$ 两处的约束，单独画出其简图。$AC$ 构件受到主动力 $F_1$ 和 $F_2$（注：由于力 $F_2$ 作用在构件 $AC$ 和 $BC$ 的连接处，为简便，分析时一般将其划归到某一个构件上）作用，$C$ 处受到 $BC$ 构件对它的反力 $F_C'$（根据作用力与反作用力定律），$A$ 处为固定铰支座，其约束反力作用线方位无法预先确定，用过铰链中心 $A$ 的两个相互垂直分力 $F_{Ax}$、$F_{Ay}$ 表示。其受力图如图 2-18（c）所示。

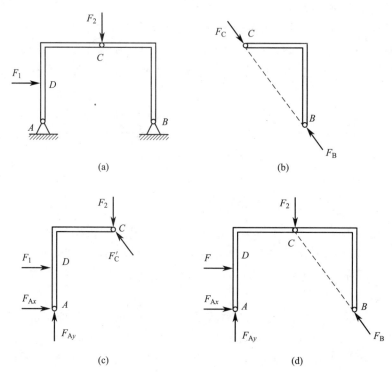

图 2-18 例 2-7 图

（3）取整体三铰刚架为研究对象，解除 $A$、$B$ 两处的约束（$C$ 处约束未解除），单独画出其简图。画上主动力 $F_1$ 和 $F_2$，约束反力 $F_{Ax}$、$F_{Ay}$ 和 $F_B$。至于 $AC$ 和 $BC$ 两构件在 $C$ 处的相互作用力，由于对 $ABC$ 整体而言是内力，内力总是成对出现，且等值、反向、共线，对同一研究对象而言，它们不影响整体的运动情况，故不必画出内力。此三铰刚架 $ABC$ 的受力图如图 2-18（d）所示，注意此图中的 $F_{Ax}$、$F_{Ay}$ 和 $F_B$ 应与 $AC$、$BC$ 构件受力图中的 $F_{Ax}$、$F_{Ay}$ 和 $F_B$ 完全一致。

【例 2-8】 如图 2-19（a）所示的结构，由刚架 $AC$ 和梁 $CD$ 在 $C$ 处铰接而成，$A$ 端为固定铰支座，$B$ 处和 $D$ 处为可动铰支座。在 $G$ 点受集中力 $F$，在 $BE$ 段受均布荷载作用，其荷载集度为 $q$，自重不计。试分别画出刚架 $AC$、梁 $CD$ 和整个结构 $ACD$ 的受力图。

解：（1）取梁 $CD$ 为研究对象，解除 $C$、$D$ 两处的约束，单独画出 $CD$ 的简图。它在 $G$ 点和 $CE$ 段上分别受有集中力 $F$ 和均布荷载作用。可动铰支座 $D$ 的约束反力 $F_D$ 过铰心 $D$ 并垂直于支承面。铰链 $C$ 的约束反力过铰心 $C$，作用线方位无法预先确定，用过铰链中

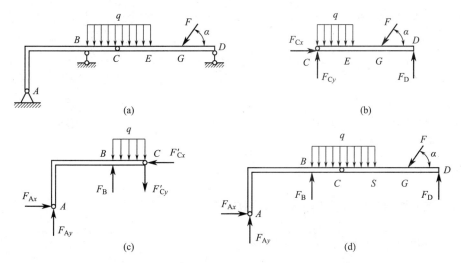

图 2-19　例 2-8 图

心 $C$ 的两个相互垂直分力 $F_{Cx}$、$F_{Cy}$ 表示，受力图如图 2-21（b）所示。

（2）取刚架 $AC$ 为研究对象，解除 $A$、$C$ 两处约束，单独画出 $AC$ 的简图。它在 $BC$ 段上受有均布荷载作用，刚架 $AC$ 在铰链 $C$ 处受有梁 $CD$ 给它的反作用力 $F'_{Cx}$、$F'_{Cy}$，且有 $F'_{Cx} = -F_{Cx}$，$F'_{Cy} = -F_{Cy}$。$B$ 处为可动铰支座，其约束反力 $F_B$ 过铰心 $B$ 并垂直于支承面。$A$ 处为固定铰支座，其约束反力作用线方位无法预先确定，用过铰链中心 $A$ 的两个相互垂直分力 $F_{Ax}$、$F_{Ay}$ 表示。刚架 $AC$ 受力图如图 2-21（c）所示。

（3）取整个结构 $ACD$ 为研究对象，解除 $A$、$B$、$D$ 处约束，单独画出整个结构 $ACD$ 的简图。画上主动力：集中力 $F$，均布荷载 $q$；约束反力：$F_{Ax}$、$F_{Ay}$、$F_B$、$F_D$。这时铰链 $C$ 处的相互作用力为内力，不画出，整个结构 $ACD$ 的受力图如图 2-21（d）所示。

## 思考题

2-1　什么是几何不变体系？为什么几何可变体系一般不作为工程结构？

2-2　自由度是指确定物体运动所需的独立坐标数目，那么平面内的一个点和一个刚片分别有几个自由度？

2-3　几何组成分析中，约束或杆件是否能重复使用？

2-4　图 2-20（a）所示体系不发生形状的改变，所以是几何不变体系；图 2-20（b）所示体系会发生双点画线所示的变形，所以是几何可变体系。上述结论是否正确？为什么？

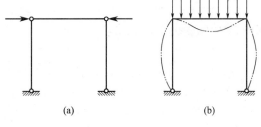

图 2-20　题 2-4 图

2-5  三刚片规则中，若分别有一个、两个或三个虚铰在无穷远处，如何判断体系的几何组成性质？

2-6  结构体系的几何组成与静力特性的关系是什么？

2-7  二力平衡条件及作用与反作用定律中，都提到二力等值、共线、反向，其区别在哪里？

2-8  对物体进行受力分析时，应用了力学中哪些公理？是如何应用的？

# 习题

2-1  试分析图 2-21 所示体系的几何组成。

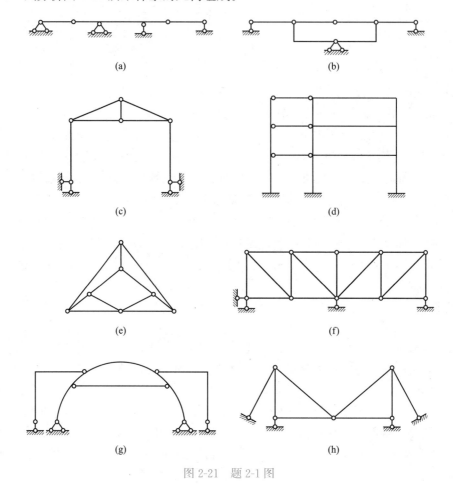

图 2-21  题 2-1 图

2-2  画出图 2-22 中各物体的受力图，凡未特别注明者，物体自重均不计，且所有接触面均为光滑面。

2-3  如图 2-23 所示一排水孔闸门的计算简图，其中 $A$ 是铰链，$F$ 是闸门所受水压力的合力，$F_T$ 是启动力。闸门重为 $G$，重心在其长度的中点，画出：①$F_T$ 力不够大，未能启动闸门时，闸门的受力图；②$F_T$ 力刚好能将闸门启动时，闸门的受力图。

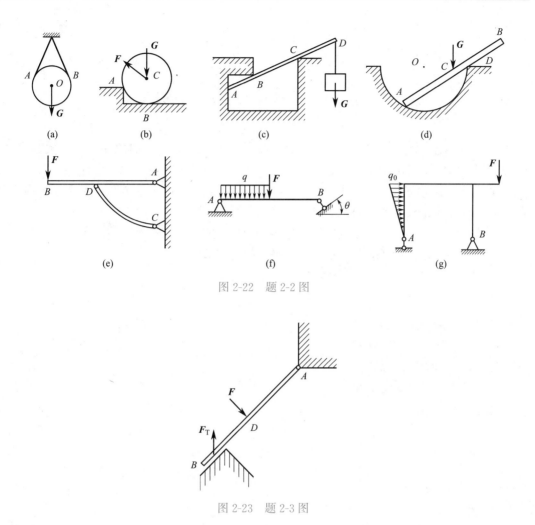

图 2-22　题 2-2 图

图 2-23　题 2-3 图

# 第3章　力系的简化和平衡

- 本章教学的基本要求：掌握力的投影、力对点之矩、力对轴之矩、力矩关系定理；掌握力偶及力偶矩矢、力偶的性质、力的平移定理；掌握空间一般力系向任一点简化及简化结果分析；掌握空间一般力系的平衡方程、平面一般力系的平衡方程以及力系平衡方程的应用；掌握物体系统平衡问题的求解。
- 本章教学内容的重点：空间一般力系向任一点简化及简化结果分析；空间与平面一般力系的平衡方程及其应用；物体系统平衡问题的求解。
- 本章教学内容的难点：物体系统平衡问题的求解。
- 本章内容简介：

3.1　力的投影与力矩
3.2　力偶及力的平移定理
3.3　一般力系的简化
3.4　力系的平衡及应用
3.5　物体系统的平衡

## 3.1　力的投影与力矩

### 3.1.1　力在轴上的投影

设有力 $F$ 和 $n$ 轴，从力 $F$ 的始点 $A$ 和终点 $B$ 分别向 $n$ 轴引垂线，得垂足 $a$、$b$，则线段 $\overline{ab}$ 冠以适当的正负号，称为力 $F$ 在 $n$ 轴上的投影，用 $F_n$ 表示。习惯上规定：若由力 $F$ 的始点垂足 $a$ 到终点垂足 $b$ 的指向与规定的 $n$ 轴正向一致，则投影 $F_n$ 取正号（图 3-1a），反之取负号（图 3-1b）。若力 $F$ 和 $n$ 轴正向之间的夹角为 $\alpha$，则有

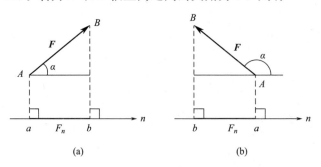

(a)　　　　　　　　　　(b)

图 3-1　力在轴上的投影

$$F_n = F\cos\alpha \tag{3-1}$$

即力在 $n$ 轴上的投影等于力的大小乘以该力与 $n$ 轴正向之间夹角的余弦。显然，力在轴上的投影是一个代数量。在实际运算时，通常取力与轴之间的锐角计算投影的大小，而正负号按规定通过观察直接判断。

### 3.1.2   力在平面上的投影

设有力 $F$ 和 $Oxy$ 平面，从力 $F$ 的始点 $A$ 和终点 $B$ 分别向 $Oxy$ 平面引垂线，则由垂足 $a$ 到 $b$ 的矢量 $\overrightarrow{ab}$，称为力 $F$ 在 $Oxy$ 平面上的投影，记作 $F_{xy}$，如图 3-2 所示。若力 $F$ 与 $Oxy$ 平面间夹角为 $\theta$，则投影力矢 $F_{xy}$ 的大小为

$$F_{xy} = F\cos\theta \tag{3-2}$$

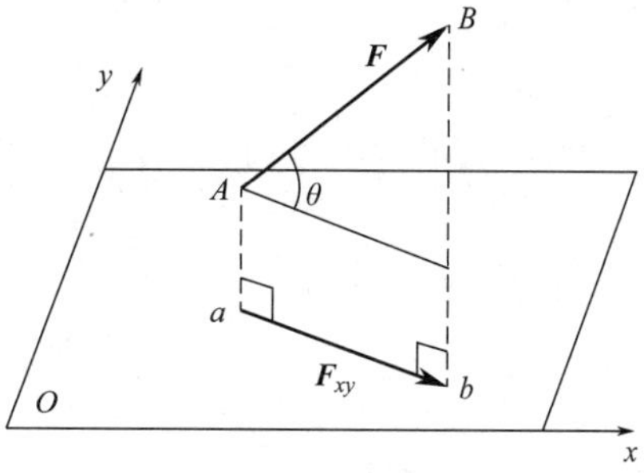

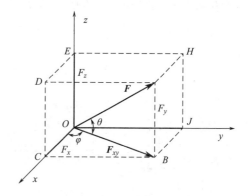

图 3-2   力在平面上的投影

注意：力在平面上的投影是矢量。

### 3.1.3   力在直角坐标轴上的投影

**1. 直接投影法**

已知力 $F$ 及其与各直角坐标轴 $x$、$y$、$z$ 正向间的夹角分别为 $\alpha$、$\beta$、$\gamma$，如图 3-3 所示。则力 $F$ 在各轴上的投影为

$$\left. \begin{aligned} F_x &= F\cos\alpha \\ F_y &= F\cos\beta \\ F_z &= F\cos\gamma \end{aligned} \right\} \tag{3-3}$$

这称为直接投影法。

**2. 二次投影法**

已知力 $F$ 与某平面（如 $Oxy$ 平面）的夹角为 $\theta$，又知力 $F$ 在该平面（$Oxy$ 平面）上的投影 $F_{xy}$ 与某轴（$x$ 轴）的夹角为 $\varphi$，如图 3-4 所示。则可用二次投影法将力 $F$ 先投影到 $Oxy$ 平面上得 $F_{xy}$，再将 $F_{xy}$ 分别投影到 $x$、$y$ 轴上，于是力 $F$ 在各轴上的投影为

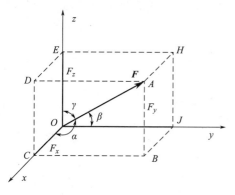

图 3-3   力在平面上的投影-直接投影法

图 3-4   力在平面上的投影-二次投影法

$$\left.\begin{aligned} F_x &= F\cos\theta\cos\varphi \\ F_y &= F\cos\theta\sin\varphi \\ F_z &= F\sin\theta \end{aligned}\right\} \tag{3-4}$$

### 3.1.4 投影与分力的比较

**1. 联系**

将力 $\boldsymbol{F}$ 沿空间直角坐标轴分解为三个正交分力 $\boldsymbol{F}_x$、$\boldsymbol{F}_y$、$\boldsymbol{F}_z$，如图 3-5 所示，则有

$$\boldsymbol{F} = \boldsymbol{F}_x + \boldsymbol{F}_y + \boldsymbol{F}_z \tag{3-5}$$

与力 $\boldsymbol{F}$ 的投影比较知，力 $\boldsymbol{F}$ 在直角坐标轴上投影的大小与其沿相应轴分力的模相等，且投影的正负号与分力的指向对应一致。

若以 $\boldsymbol{i}$、$\boldsymbol{j}$、$\boldsymbol{k}$ 分别表示沿 $x$、$y$、$z$ 轴正向的单位矢量，则力 $\boldsymbol{F}$ 的三个正交分力与力在对应轴上的投影有如下关系

$$\left.\begin{aligned} \boldsymbol{F}_x &= F_x\boldsymbol{i} \\ \boldsymbol{F}_y &= F_y\boldsymbol{j} \\ \boldsymbol{F}_z &= F_z\boldsymbol{k} \end{aligned}\right\} \tag{3-6}$$

将式（3-6）代入式（3-5），得到力 $\boldsymbol{F}$ 沿直角坐标轴的解析表达式

$$\boldsymbol{F} = F_x\boldsymbol{i} + F_y\boldsymbol{j} + F_z\boldsymbol{k} \tag{3-7}$$

若已知力 $\boldsymbol{F}$ 在三个直角坐标轴上的投影 $F_x$、$F_y$、$F_z$，则力 $\boldsymbol{F}$ 的大小和方向余弦可用下列各式计算

$$\left.\begin{aligned} F &= \sqrt{F_x^2 + F_y^2 + F_z^2} \\ \cos(\boldsymbol{F},\ \boldsymbol{i}) &= F_x/F \\ \cos(\boldsymbol{F},\ \boldsymbol{j}) &= F_y/F \\ \cos(\boldsymbol{F},\ \boldsymbol{k}) &= F_z/F \end{aligned}\right\} \tag{3-8}$$

**2. 区别**

力沿坐标轴的分力是矢量，有大小、方向、作用线；而力在坐标轴上的投影是代数量，它无所谓方向和作用线。

在斜坐标系中，如图 3-6 所示，力沿轴方向的分力的模不等于力在相应轴上投影的大小。

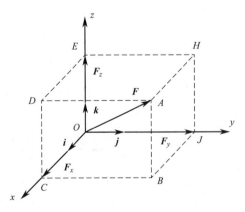

图 3-5　力沿空间直角坐标轴分解

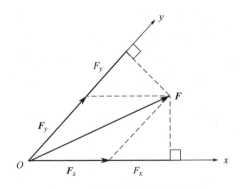

图 3-6　力的分解与投影的区别

### 3.1.5　平面力系中力对点之矩

人们从生产实践中知道力除了能使物体移动外，还能使物体转动。而力矩的概念是人们在使用杠杆、滑轮、绞盘等简单机械搬运或提升重物时逐渐形成的。下面以用扳手拧螺母为例说明力矩的概念（图 3-7）。

实践表明，作用在扳手上 $A$ 处的力 $F$ 能使扳手同螺母一起绕螺钉中心 $O$（即过 $O$ 点并垂直于图面的螺钉轴线）发生转动，也就是说，力 $F$ 有使扳手产生转动的效应。而这种转动效应不仅与力 $F$ 的大小成正比，而且与 $O$ 点到力作用线的垂直距离 $h$ 成正比，亦即与乘积 $F \cdot h$ 成正比。另外，力 $F$ 使扳手绕 $O$ 点转动的方向不同，作用效果也不同。因此，规定 $F \cdot h$ 冠以适当的正负号作为力 $F$ 使物体绕 $O$ 点发生转动效应的度量。并称之为力 $F$ 对 $O$ 点之矩。用符号 $M_O(F)$ 表示，即

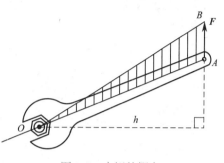

图 3-7　力矩的概念

$$M_O(F) = \pm Fh \tag{3-9}$$

点 $O$ 称为力矩中心，简称为矩心；$h$ 称为力臂；力 $F$ 与矩心 $O$ 决定的平面称为力矩平面；乘积 $Fh$ 称为力矩大小，而正负号表示在力矩平面内力使物体绕矩心，即绕过矩心且垂直于力矩平面的轴的转向，通常规定逆时针转向的力矩为正值，顺时针转向的力矩为负值。所以在平面力系问题中，力对点之矩只取决于力矩的大小和转向，因此力矩是个代数量。力矩的单位是 N·m 或 kN·m。

由图 3-7 可以看出，力 $F$ 对 $O$ 点之矩的大小还可以用以力 $F$ 为底边，矩心 $O$ 为顶点所构成的三角形（图中阴影部分）面积的两倍来表示。

必须注意，力矩是力使物体绕某点转动效应的度量。因此，根据分析和计算的需要，物体上任意点都可以取为矩心，甚至还可以选取研究对象以外的点为矩心。

由上所述，可得如下结论：

1）当力 $F$ 的作用线通过矩心 $O$（即力臂 $h=0$）时，此力对于该矩心的力矩等于零。

2）力 $F$ 可以沿其作用线任意滑动，都不会改变该力对指定点的力矩。

3）同一力对不同点的力矩一般不相同。因此必须指明矩心，力对点之矩才有意义。

### 3.1.6　空间力系中力对点之矩

力对点之矩表示了力使物体绕该点，亦即绕通过该点且垂直于力矩平面的轴的转动效应。在平面力系中，各力的作用线与矩心决定的力矩平面都相同，因此，只要知道力矩的大小和用以表明力矩转向的正负号，就足以表明力使物体绕矩心的转动效应，即力对点之矩用代数量表示就可以了。而在空间力系中，各力作用线不在同一平面内，研究各力使物体绕同一点转动时其力矩平面的方位，亦即转轴的方位各不相同。因此，在一般情况下力使物体绕某点的转动效应取决于如下三个因素，简称力对点之矩三要素：（1）力矩大小，即力和力臂的乘积；（2）力矩平面的方位，亦即转动轴的方位；（3）力矩转向，即在力矩

平面内，力使物体绕矩心的转向。因此，力对点之矩必须用一个矢量来表示：过矩心 $O$ 作垂直于力矩平面的矢量。该矢量的方位表示力矩平面的法线方位，即转轴的方位；该矢量的指向由右手螺旋法确定，即以右手四指弯曲的方向表示力矩的转向，则拇指的指向就是该矢量的指向；该矢量的长度按一定比例尺表示力矩的大小，如图 3-8 所示。这个矢量称为力对点之矩矢量，用号 $\boldsymbol{M}_O(\boldsymbol{F})$ 表示。$\boldsymbol{M}_O(\boldsymbol{F})$ 是一个作用线通过矩心的定位矢量。在图中，为了与其他矢量相区别，凡是力对点之矩矢量均以带圆弧箭头或带双箭头的有向线段表示。

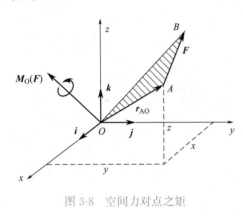

图 3-8　空间力对点之矩

从力 $\boldsymbol{F}$ 的作用点 $A$ 作相对于矩心 $O$ 的位置矢径 $\boldsymbol{r}_{AO}$（图 3-8），则力对点之矩可用矢积表示为：

$$\boldsymbol{M}_O(\boldsymbol{F}) = \boldsymbol{r}_{AO} \times \boldsymbol{F} \qquad (3\text{-}10)$$

即力对于任一点之矩等于力作用点相对于矩心的位置矢径与该力的矢积。由于矢量 $\boldsymbol{r}_{AO}$ 和 $\boldsymbol{F}$ 都服从矢量合成法则，故它们的矢积也必然服从矢量合成法则。所以，矩心相同的各力矩矢量符合矢量合成法则。

以矩心 $O$ 为原点建立空间直角坐标系 $Oxyz$（图 3-8），各坐标轴的单位矢量为 $\boldsymbol{i}$、$\boldsymbol{j}$、$\boldsymbol{k}$，以 $x$、$y$、$z$ 和 $F_x$、$F_y$、$F_z$ 分别表示位置矢径 $\boldsymbol{r}_{AO}$ 和力 $\boldsymbol{F}$ 在对应坐标轴上的投影，则有

$$\begin{cases} \boldsymbol{r}_{AO} = x\boldsymbol{i} + y\boldsymbol{j} + z\boldsymbol{k} \\ \boldsymbol{F} = F_x\boldsymbol{i} + F_y\boldsymbol{j} + F_z\boldsymbol{k} \end{cases}$$

则式（3-10）可改写为

$$\boldsymbol{M}_O(\boldsymbol{F}) = \boldsymbol{r}_{AO} \times \boldsymbol{F} = \begin{vmatrix} \boldsymbol{i} & \boldsymbol{j} & \boldsymbol{k} \\ x & y & z \\ F_x & F_y & F_z \end{vmatrix} = (yF_z - zF_y)\boldsymbol{i} + (zF_x - xF_z)\boldsymbol{j} + (xF_y - yF_x)\boldsymbol{k}$$

$$(3\text{-}11)$$

这称为力对点之矩矢的解析表达式，由此式可得力对点之矩矢在坐标轴上的投影表达式为

$$\left.\begin{array}{l} [\boldsymbol{M}_O(\boldsymbol{F})]_x = yF_z - zF_y \\ [\boldsymbol{M}_O(\boldsymbol{F})]_y = zF_x - xF_z \\ [\boldsymbol{M}_O(\boldsymbol{F})]_z = xF_y - yF_x \end{array}\right\} \qquad (3\text{-}12)$$

### 3.1.7　力对轴之矩

**1. 力对轴之矩的概念**

前面已经指出，力使物体绕某点转动，实质上是使物体绕过矩心且垂直于力矩平面的轴在转动。而生活和工程实际中，有些物体（如门、窗、机器轴等）在力的作用下又只能绕某轴转动。为此，用力对轴之矩来度量力使物体绕轴转动的效应。

如图 3-9 所示，在门上 $A$ 点作用一力 $\boldsymbol{F}$。为了确定力 $\boldsymbol{F}$ 使门绕轴 $z$ 转动的效应，将力 $\boldsymbol{F}$ 分解为两个分力，分力 $\boldsymbol{F}_z$ 与 $z$ 轴平行，分力 $\boldsymbol{F}_{xy}$ 位于通过 $A$ 点且垂直于 $z$ 轴的 $xy$ 平面内。实践表明，分力 $\boldsymbol{F}_z$ 不能使门绕 $z$ 轴转动，故力 $\boldsymbol{F}$ 使门绕 $z$ 轴转动的效应等于其分

力 $\boldsymbol{F}_{xy}$ 使门绕 $z$ 轴转动的效应。而分力 $\boldsymbol{F}_{xy}$ 使门绕 $z$ 轴转动的效应也就是它使门绕 $O$ 点（$z$ 轴与 $xy$ 平面的交点）转动的效应，这可用分力 $\boldsymbol{F}_{xy}$ 对 $O$ 点之矩来度量。因此，力对轴之矩可定义为：力对某轴之矩等于力 $\boldsymbol{F}$ 在垂直于轴的任一平面上的分力（另一分力与轴平行）对该轴与此平面交点的矩，并用以作为力使物体绕该轴转动效应的度量。用符号 $M_z(\boldsymbol{F})$ 表示，即

$$M_z(\boldsymbol{F}) = M_O(\boldsymbol{F}_{xy}) = \pm F_{xy}h \tag{3-13}$$

力对轴之矩是代数量，其正负号由右手螺旋法则确定。即将右手四指握轴并以它们的弯曲方向表示力 $\boldsymbol{F}$ 使物体绕 $z$ 轴转动的方向，若伸直的大拇指的指向与 $z$ 轴正向一致，则规定力矩为正；反之为负。力对轴之矩的单位是 N·m 或 kN·m。

由力对轴之矩的定义可知：1）当力沿其作用线移动时，不会改变它对给定轴之矩。2）当力的作用线与轴平行或相交时，即力与轴共面时，力对该轴之矩等于零。

**2. 力对直角坐标轴之矩的解析表达式**

设力 $\boldsymbol{F}$ 作用于刚体上 $A$ 点，它在三根直角坐标轴上的投影分别为 $F_x$、$F_y$、$F_z$，力 $\boldsymbol{F}$ 作用点 $A$ 相对于矩心 $O$ 的位置矢径 $\boldsymbol{r}_{AO}$ 在坐标轴上的投影为 $x$、$y$、$z$（图 3-10），根据力对轴之矩的定义式（3-13）以及等效力系的概念，可得力 $\boldsymbol{F}$ 对 $Oz$ 轴之矩为

$$M_z(\boldsymbol{F}) = M_O(\boldsymbol{F}_{xy}) = M_O(\boldsymbol{F}_x) + M_O(\boldsymbol{F}_y) = xF_y - yF_x$$

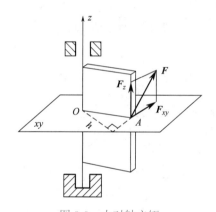

图 3-9　力对轴之矩

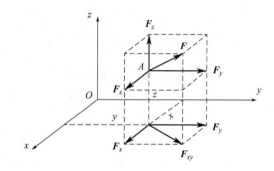

图 3-10　力对直角坐标轴之矩

力 $\boldsymbol{F}$ 对 $Ox$ 轴和 $Oy$ 轴之矩也可以类似地写出，则力 $\boldsymbol{F}$ 对直角坐标轴之矩的解析表达式为

$$\left.\begin{array}{l} M_x(\boldsymbol{F}) = yF_z - zF_y \\ M_y(\boldsymbol{F}) = zF_x - xF_z \\ M_z(\boldsymbol{F}) = xF_y - yF_x \end{array}\right\} \tag{3-14}$$

### 3.1.8　力矩关系定理

比较式（3-12）与式（3-14），可得

$$\left.\begin{array}{l} \left[\boldsymbol{M}_O(\boldsymbol{F})\right]_x = M_x(\boldsymbol{F}) \\ \left[\boldsymbol{M}_O(\boldsymbol{F})\right]_y = M_y(\boldsymbol{F}) \\ \left[\boldsymbol{M}_O(\boldsymbol{F})\right]_z = M_z(\boldsymbol{F}) \end{array}\right\} \tag{3-15}$$

即力对点之矩矢在通过该点的某轴上的投影，等于力对该轴的矩。这就是力对点之矩与力对通过该点的轴之矩的关系，通常称为力矩关系定理。

根据式（3-14）和式（3-15），可将式（3-11）改写为：

$$M_O(F) = M_x(F)i + M_y(F)j + M_z(F)k \tag{3-16}$$

可见，力使物体绕某点的转动效应等于力使物体同时分别绕过该点的三根相互垂直的轴的转动效应的总和。此是力矩关系定理的另一种表述。

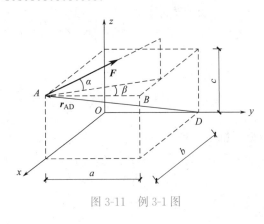

图 3-11　例 3-1 图

应用力矩关系定理可以通过计算力对正交坐标系中三根坐标轴之矩来计算力对坐标原点之矩，也可通过力对点之矩来求力对轴之矩，而且还可以用解析的方法求出力对于除坐标轴以外的任一轴的矩。

【例 3-1】某长方体，边长分别为 $a$、$b$、$c$，在顶点 $A$ 处作用一力 $F$，方向如图 3-11 所示，$\alpha$，$\beta$ 均已知。求：（1）力 $F$ 对另一顶点 $D$ 之矩；（2）力 $F$ 对 $DB$ 轴之矩。

解：1）建立图 3-11 所示 $Oxyz$ 直角坐标系。

2）作力 $F$ 作用点 $A$ 相对于矩心 $D$ 的位置矢径 $r_{AD}$，并求其在各坐标轴上的投影

$$x = b, \quad y = -a, \quad z = c$$

3）计算力 $F$ 在各坐标轴上的投影

$$F_x = -F\cos\alpha\sin\beta, \quad F_y = F\cos\alpha\cos\beta, \quad F_z = F\sin\alpha$$

4）利用力对点之矩矢的解析表达式（3-11）求力 $F$ 对 $D$ 点之矩矢

$$M_D(F) = r_{AD} \times F = \begin{vmatrix} i & j & k \\ b & -a & c \\ -F\cos\alpha\sin\beta & F\cos\alpha\cos\beta & F\sin\alpha \end{vmatrix}$$

$$= F[-(a\sin\alpha + c\cos\alpha\cos\beta)i - (b\sin\alpha + c\cos\alpha\sin\beta)j$$

$$+ (b\cos\alpha\cos\beta - a\cos\alpha\sin\beta)k]$$

5）设 $DB$ 轴的单位矢量为 $\xi^0$，则有

$$\xi^0 = \frac{\overrightarrow{DB}}{|\overrightarrow{DB}|} = \frac{(bi + ck)}{\sqrt{b^2 + c^2}}$$

6）应用力矩关系定理求力 $F$ 对 $DB$ 轴之矩

$$M_{DB}(F) = M_D(F) \cdot \xi^0 = -\frac{Fa(b\sin\alpha + c\cos\alpha\sin\beta)}{\sqrt{b^2 + c^2}}$$

## 3.2　力偶及力的平移定理

### 3.2.1　力偶及力偶矩矢

等值、反向、不共线的一对平行力构成的力系称为力偶，记作（$F$，$F'$），如图 3-12

所示。力偶中两力作用线所决定的平面称为力偶作用面，两力作用线间的垂直距离 $h$ 称为力偶臂。在生活实际中，力偶的例子是屡见不鲜的。例如用两个手指旋转水龙头、钢笔套，用双手转动汽车方向盘以及转动丝锥等。

力偶作用在自由刚体上，只能使刚体绕过质心且垂直于力偶作用面的轴产生转动，不引起移动，这称为力偶的转动效应。实践表明，力偶对物体的转动效应不但与力偶中任何一个力 $F$（或 $F'$）的大小和力偶臂 $h$ 的乘积 $F \cdot h$（或 $F' \cdot h$）有关，而且与力偶作用面在空间中的方位及力偶在其作用平面内的转向有关。因此，在一般情况下，力偶的转动效应取决于下列三个要素，称为力偶三要素：1）力偶中任一力的大小与力偶臂的乘积 $F \cdot h$；2）力偶作用面在空间中的方位；3）力偶在其作用面内的转向。

力偶的三个要素可用一个矢量完整地表示出来，这个矢量称为力偶矩矢，用符号 $M$ 表示。其表示方法如下：从任一点作垂直于力偶作用面的矢量 $M$，矢量的长度按一定比例尺表示力偶矩的大小 $|M| = F \cdot h$，矢量的方位表示力偶作用面的法线方位，矢量指向由右手螺旋法则确定，即以右手四指弯曲的方向表示力偶的转向，则拇指的指向就是该矢量的指向。如图 3-13 所示。力偶矩的单位是 N·m 或 kN·m。

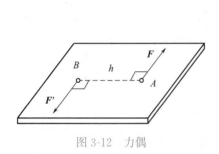

图 3-12　力偶

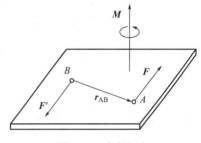

图 3-13　力偶矩矢

设力偶（$F$，$F'$）中二力作用点分别为 $A$、$B$，作 $A$ 点相对于 $B$ 点的位置矢径 $r_{AB}$（图 3-13），则力偶矩矢可用矢量积表示为

$$M = r_{AB} \times F \tag{3-17}$$

即力偶矩矢等于力偶中的一个力对另一个力的作用点的力矩矢。力偶矩矢同样服从矢量运算规则。

在平面中，力偶矩矢退化为力偶矩代数值 $M = \pm F \cdot h$，正负号表示力偶在其作用平面内的转向，一般规定逆时针转向取正。

### 3.2.2　力偶的性质

力偶虽然是由等值、反向、不共线的两个平行力所组成，但它和单独一个力，不仅是数量上的不同，而且产生了性质上的变化，现概括如下：

性质一　力偶不能与一个力等效，即力偶没有合力，因此力偶也不能与一个力相平衡，力偶只能与力偶平衡。力偶中的二力在任一轴上投影的代数和为零，但力偶不是平衡力系，力偶是最简单的力系。

一个力既可以使物体产生移动效应，同时还可以使物体产生转动效应，但力偶只能使物体产生转动效应，而不能使物体产生移动效应。因此力偶不能与一个力等效，力偶只能与力偶等效，也只能与力偶平衡。力偶是一个最简单的特殊力系。力偶和力都是最基本的力学量。

性质二　力偶中的两力对任意点之矩之和恒等于力偶矩矢，而与矩心位置无关。力偶中的两力对任意轴之矩之和恒等于力偶矩矢在该轴方位上的投影，而与矩轴位置无关。

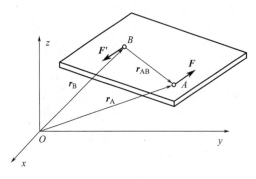

设有力偶（$F$，$F'$）作用在刚体上，二力作用点分别为 $A$、$B$，作 $A$ 点相对于 $B$ 点的位置矢径 $r_{AB}$，再任取一点 $O$ 为矩心，自 $O$ 点分别作 $A$、$B$ 点的矢径 $r_A$ 和 $r_B$，如图 3-14 所示。则力偶对 $O$ 点之矩为

$$\begin{aligned}M_O(F, F') &= M_O(F) + M_O(F') \\ &= r_A \times F + r_B \times F' \\ &= r_A \times F - r_B \times F \\ &= r_{AB} \times F \\ &= M\end{aligned}$$

图 3-14　力偶与矩心位置无关

过点 $O$ 作任意轴 $z$，则力偶对任一轴的矩为

$$\begin{aligned}M_z(F, F') &= M_z(F) + M_z(F') \\ &= [M_O(F) + M_O(F')]_z \\ &= [M]_z \\ &\stackrel{记}{=} M_z\end{aligned}\qquad(3\text{-}18)$$

这就是力偶矩与力矩的主要区别。

性质三　力偶矩矢是力偶对刚体作用效应的唯一度量，因而力偶矩矢相等的力偶等效，称为力偶的等效性质。

由于力偶对刚体只产生转动效应，而力偶对刚体的转动效应取决于力偶三要素，力偶矩矢又完整地表示了力偶三要素，故力偶矩矢是力偶对刚体作用效应的唯一度量，因此，两个力偶矩矢相等的力偶等效；反之，两个彼此等效的力偶，其力偶矩矢一定相等。由力偶的这一性质，可得出如下推论：

只要保持力偶矩矢不变，力偶可在其作用面内任意移动和转动，也可以从一个平面平行移动到另一个平行平面中去，甚至还可以同时改变组成力偶的力的大小和力偶臂的长度，都不会改变原力偶对刚体的作用效应。

如用两手转动方向盘时，两手的相对位置可以作用于方向盘的任何地方，只要两手作用于方向盘上的力组成的力偶的力偶矩不变，则它们使方向盘转动的效应就是完全相同的。又如用螺丝刀拧螺钉时，只要力偶矩的大小和转向保持不变，用长螺丝刀与短螺丝刀的效果相同。即垂直于螺丝刀轴线的力偶作用面可沿螺丝刀的轴线平行移动，而并不影响拧螺钉的效果。

由此可见，力偶中的力，力偶臂和力偶在其作用面内的位置都不是力偶的特征量，只有力偶三要素，亦即力偶矩矢是力偶对刚体作用效应的唯一度量。因此，力偶矩矢是自由矢量。通常用一段带箭头的平面弧线表示力偶，其中弧线所在平面代表力偶作用面，箭头表示力偶在其作用面内的转向，$M$ 表示力偶矩大小，如图 3-15 所示。

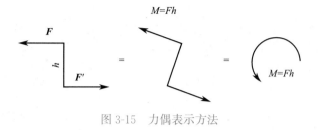

图 3-15　力偶表示方法

### 3.2.3　力的平移定理

设有一力 $\boldsymbol{F}$ 作用于刚体的 $A$ 点（图 3-16a）。现在来讨论怎样才能将力 $\boldsymbol{F}$ 等效平移到该刚体上任选的 $B$ 点。

为此，根据加减平衡力系原理，在点 $B$ 加上两个等值、反向的力 $\boldsymbol{F}'$ 和 $\boldsymbol{F}''$，使它们与力 $\boldsymbol{F}$ 平行，且 $\boldsymbol{F}'=-\boldsymbol{F}''=\boldsymbol{F}$，如图 3-16（b）所示。显然，三个力 $\boldsymbol{F}$、$\boldsymbol{F}'$、$\boldsymbol{F}''$ 组成的新力系与原来的一个力 $\boldsymbol{F}$ 等效。容易看出，力 $\boldsymbol{F}$ 和 $\boldsymbol{F}''$ 组成了一个力偶，因此，可以认为作用于点 $A$ 的力 $\boldsymbol{F}$ 平行移动到另一点 $B$ 后成为 $\boldsymbol{F}'$，$\boldsymbol{F}'=\boldsymbol{F}$，但同时又附加上了一个力偶（图 3-16c），附加力偶的矩为

$$\boldsymbol{M}=\boldsymbol{r}_{AB}\times\boldsymbol{F}=\boldsymbol{M}_{B}(\boldsymbol{F})$$

由此可得力的平移定理：作用在刚体上某点 $A$ 的力可以等效地平移到刚体上任一点 $B$（称平移点），但必须在该力与该平移点所决定的平面内附加一力偶，此附加力偶的力偶矩等于原力对平移点的力矩。

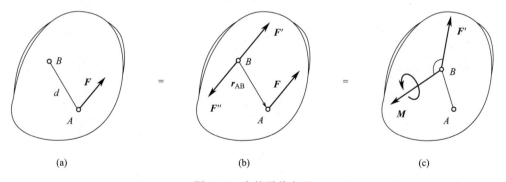

图 3-16　力的平移定理

反过来，根据力的平移定理，也可以将平面内的一个力和一个力偶用作用在平面内另一点的力来等效替换。

力的平移定理不仅是力系向一点简化的理论依据，而且可以直接用来分析工程实际中某些力学问题。例如，攻螺纹时，必须用两手握丝锥手柄，而且用力要相等。为什么不允许用一只手扳动丝锥呢（图 3-17a）？因为作用在丝锥手柄 $AB$ 一端的力 $\boldsymbol{F}$，与作用在点 $C$ 的一个力 $\boldsymbol{F}'$ 和一个力偶矩为 $\boldsymbol{M}$ 的力偶（图 3-17b）等效。这个力偶使丝锥转动，而这个力 $\boldsymbol{F}'$ 却往往使螺纹不正，甚至折断丝锥。

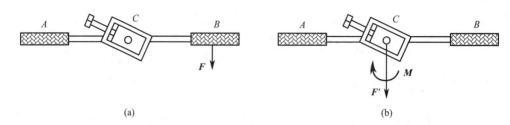

图 3-17　力的平移效应

# 3.3　一般力系的简化

## 3.3.1　空间一般力系向任一点简化

设某刚体上作用一空间一般力系，如图 3-18（a）所示。在空间任选一点 $O$ 为简化中心，根据力的平移定理，将各力平移至 $O$ 点，并附加一个相应的力偶。这样可得到一个汇交于 $O$ 点的空间汇交力系 $\boldsymbol{F}'_1$，$\boldsymbol{F}'_2$，$\cdots$，$\boldsymbol{F}'_n$，以及力偶矩矢分别为 $\boldsymbol{M}_1$，$\boldsymbol{M}_2$，$\cdots$，$\boldsymbol{M}_n$ 的空间力偶系，如图 3-18（b）所示。其中

$$\boldsymbol{F}'_1=\boldsymbol{F}_1，\ \boldsymbol{F}'_2=\boldsymbol{F}_2，\ \cdots，\ \boldsymbol{F}'_n=\boldsymbol{F}_n$$
$$\boldsymbol{M}_1=\boldsymbol{M}_O(\boldsymbol{F}_1)，\ \boldsymbol{M}_2=\boldsymbol{M}_O(\boldsymbol{F}_2)，\ \cdots，\ \boldsymbol{M}_n=\boldsymbol{M}_O(\boldsymbol{F}_n)$$

且 $\boldsymbol{M}_1$，$\boldsymbol{M}_2$，$\cdots$，$\boldsymbol{M}_n$ 分别垂直于由力 $\boldsymbol{F}'_1$，$\boldsymbol{F}'_2$，$\cdots$，$\boldsymbol{F}'_n$ 各自与简化中心 $O$ 所决定的平面。

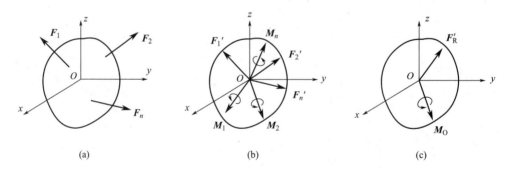

图 3-18　力的平移定理

汇交于 $O$ 点的空间汇交力系可合成为作用线通过 $O$ 点的一个力 $\boldsymbol{F}'_R$，其力矢等于原力系中各力的矢量和，称为原力系的主矢量，即

$$\boldsymbol{F}'_R=\sum\boldsymbol{F}'_i=\sum\boldsymbol{F}_i \tag{3-19}$$

空间力偶系可合成为一合力偶，其力偶矩矢 $\boldsymbol{M}_O$ 等于各附加力偶矩矢的矢量和，也就是等于原力系中各力对简化中心力矩的矢量和，称为原力系对简化中心 $O$ 的主矩，即

$$\boldsymbol{M}_O=\sum\boldsymbol{M}_i=\sum\boldsymbol{M}_O(\boldsymbol{F}_i) \tag{3-20}$$

由此可得结论：空间一般力系向任一点 $O$ 等效简化，一般可得一个力和一个力偶，此力作用线通过简化中心，其大小和方向决定于力系的主矢量，此力偶的力偶矩矢量决定于力系对简化中心的主矩（图 3-18c）。不难看出，力系的主矢量与简化中心位置无关，主矩

一般与简化中心的位置有关，故谈主矩时一定要指明矩心。

如果过简化中心作直角坐标系 $Oxyz$（图 3-18），则力系的主矢量和主矩可用解析法计算。

**1. 主矢量的计算**

设 $F'_{Rx}$，$F'_{Ry}$，$F'_{Rz}$ 和 $F_{ix}$，$F_{iy}$，$F_{iz}$ 分别表示主矢量 $\boldsymbol{F}'_R$ 和力系中第 $i$ 个分力 $\boldsymbol{F}_i$ 在各坐标轴上的投影，则

$$\left.\begin{array}{l} F'_{Rx} = \sum F_{ix} \\ F'_{Ry} = \sum F_{iy} \\ F'_{Rz} = \sum F_{iz} \end{array}\right\} \tag{3-21}$$

即力系的主矢量在某轴上的投影等于原力系中各个分力在同一轴上投影的代数和。由此可得主矢量的大小和方向余弦为

$$\left.\begin{array}{l} F'_R = \sqrt{F'^2_{Rx} + F'^2_{Ry} + F'^2_{Rz}} \\ \cos(\boldsymbol{F}'_R,\ \boldsymbol{i}) = F'_{Rx}/F'_R \\ \cos(\boldsymbol{F}'_R,\ \boldsymbol{j}) = F'_{Ry}/F'_R \\ \cos(\boldsymbol{F}'_R,\ \boldsymbol{k}) = F'_{Rz}/F'_R \end{array}\right\} \tag{3-22}$$

主矢量的解析式为

$$\boldsymbol{F}'_R = F'_{Rx}\boldsymbol{i} + F'_{Ry}\boldsymbol{j} + F'_{Rz}\boldsymbol{k} = (\sum F_{ix})\boldsymbol{i} + (\sum F_{iy})\boldsymbol{j} + (\sum F_{iz})\boldsymbol{k} \tag{3-23}$$

若为 $xy$ 面内的平面一般力系，则式（3-22）退化为

$$\left.\begin{array}{l} F'_R = \sqrt{F'^2_{Rx} + F'^2_{Ry}} \\ \tan\theta = \left| \dfrac{F'_{Ry}}{F'_{Rx}} \right| \qquad (\theta\ 为\ \boldsymbol{F}'_R\ 与\ x\ 轴所夹锐角) \end{array}\right\} \tag{3-24}$$

**2. 主矩 $\boldsymbol{M}_O$ 的计算**

设 $M_{Ox}$，$M_{Oy}$，$M_{Oz}$ 分别表示主矩 $\boldsymbol{M}_O$ 在各坐标轴上的投影，根据力矩关系定理，将式（3-20）两端分别在各坐标轴上投影得

$$\left.\begin{array}{l} M_{Ox} = \left[\sum \boldsymbol{M}_O(\boldsymbol{F}_i)\right]_x = \sum M_x(\boldsymbol{F}_i) \\ M_{Oy} = \left[\sum \boldsymbol{M}_O(\boldsymbol{F}_i)\right]_y = \sum M_y(\boldsymbol{F}_i) \\ M_{Oz} = \left[\sum \boldsymbol{M}_O(\boldsymbol{F}_i)\right]_z = \sum M_z(\boldsymbol{F}_i) \end{array}\right\} \tag{3-25}$$

即力系对过简化中心的某一轴的主矩等于原力系中各个分力对同一轴力矩的代数和。

由此可得到力系对 $O$ 点的主矩的大小和方向余弦为

$$\left.\begin{array}{l} M_O = \sqrt{M^2_{Ox} + M^2_{Oy} + M^2_{Oz}} \\ \cos(\boldsymbol{M}_O,\ \boldsymbol{i}) = M_{Ox}/M_O \\ \cos(\boldsymbol{M}_O,\ \boldsymbol{j}) = M_{Oy}/M_O \\ \cos(\boldsymbol{M}_O,\ \boldsymbol{k}) = M_{Oz}/M_O \end{array}\right\} \tag{3-26}$$

主矩的解析式为

$$\boldsymbol{M}_O = M_{Ox}\boldsymbol{i} + M_{Oy}\boldsymbol{j} + M_{Oz}\boldsymbol{k}$$

$$=\left[\sum M_x(\boldsymbol{F}_i)\right]\boldsymbol{i}+\left[\sum M_y(\boldsymbol{F}_i)\right]\boldsymbol{j}+\left[\sum M_z(\boldsymbol{F}_i)\right]\boldsymbol{k} \tag{3-27}$$

若为 $xy$ 面内的平面一般力系，则式（3-25）、式（3-26）退化为

$$M_O=M_{Oz}=\sum M_O(\boldsymbol{F}_i) \tag{3-28}$$

### 3.3.2 空间一般力系简化结果分析

（1）若 $\boldsymbol{F}_R'=0$，$\boldsymbol{M}_O\neq0$，表明原力系和一个力偶等效，即原力系简化为一合力偶。其力偶矩矢就等于原力系对简化中心的主矩 $\boldsymbol{M}_O$。由于力偶矩矢与矩心位置无关，因此，在这种情况下，主矩与简化中心位置无关。

（2）若 $\boldsymbol{F}_R'\neq0$，$\boldsymbol{M}_O=0$，表明原力系和一个力等效，即力系可简化为一作用线通过简化中心的合力，其大小和方向等于原力系的主矢量，即 $\boldsymbol{F}_R=\boldsymbol{F}_R'=\sum \boldsymbol{F}_i$。

（3）若 $\boldsymbol{F}_R'\neq0$，$\boldsymbol{M}_O\neq0$，且 $\boldsymbol{M}_O\perp\boldsymbol{F}_R'$（图 3-19a）。此时，力 $\boldsymbol{F}_R'$ 和主矩 $\boldsymbol{M}_O$ 对应的力偶（$\boldsymbol{F}_R''$，$\boldsymbol{F}_R$）在同一平面内（图 3-19b），若取 $\boldsymbol{F}_R=-\boldsymbol{F}_R''=\boldsymbol{F}_R'$，则可将 $\boldsymbol{F}_R'$ 与力偶（$\boldsymbol{F}_R''$，$\boldsymbol{F}_R$）进一步简化为一作用线通过 $O'$ 点的一个合力 $\boldsymbol{F}_R$（图 3-19c）。合力的力矢等于原力系的主矢量，即 $\boldsymbol{F}_R=\boldsymbol{F}_R'=\sum \boldsymbol{F}_i$。其作用线到简化中心 $O$ 的距离为

$$d=|\boldsymbol{M}_O|/F_R' \tag{3-29}$$

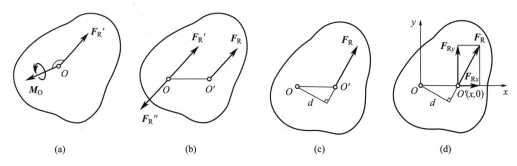

|   |   |   |   |
|---|---|---|---|
| (a) | (b) | (c) | (d) |

图 3-19 主矢、主矩均不为零且相互垂直时的简化

若设合力 $\boldsymbol{F}_R$ 的作用线位于 $xy$ 平面内，则合力 $\boldsymbol{F}_R$ 的作用线位置亦可由合力作用线与 $x$ 轴或 $y$ 轴的交点坐标 $x$ 或 $y$ 表示，如图 3-19（d）所示。

$$x=M_O/F_{Ry}' \quad\text{或}\quad y=-M_O/F_{Rx}' \tag{3-30}$$

由图 3-19（b）可知，力偶（$\boldsymbol{F}_R''$，$\boldsymbol{F}_R$）的矩 $\boldsymbol{M}_O$ 等于合力 $\boldsymbol{F}_R$ 对 $O$ 点的矩，即

$$\boldsymbol{M}_O=\boldsymbol{M}_O(\boldsymbol{F}_R)$$

与式（3-20）比较，有

$$\boldsymbol{M}_O(\boldsymbol{F}_R)=\sum \boldsymbol{M}_O(\boldsymbol{F}_i) \tag{3-31}$$

若为平面力系，且 $O$ 点在力系平面内，则式（3-31）退化为

$$M_O(\boldsymbol{F}_R)=\sum M_O(\boldsymbol{F}_i) \tag{3-32}$$

即空间（平面）一般力系的合力对空间（平面内）任一点的矩等于各分力对同一点的矩的矢量和（代数和）。这称为一般力系合力之矩定理。

根据力矩关系定理，将式（3-31）投影到过 $O$ 点的任一轴上，可得

$$M_\xi(\boldsymbol{F}_R) = \sum M_\xi(\boldsymbol{F}_i) \tag{3-33}$$

即空间一般力系的合力对任一轴的矩等于各分力对同一轴的矩的代数和。

（4）若 $\boldsymbol{F}'_R \neq 0$，$\boldsymbol{M}_O \neq 0$，且 $\boldsymbol{F}'_R$ 与 $\boldsymbol{M}_O$ 不垂直（图 3-20a）。则可将 $\boldsymbol{M}_O$ 分解为与 $\boldsymbol{F}'_R$ 平行及垂直的两个分矢量 $\boldsymbol{M}'_O$ 和 $\boldsymbol{M}''_O$（图 3-20b），显然 $\boldsymbol{F}'_R$ 与 $\boldsymbol{M}''_O$ 可合成为一作用线通过 $O'$ 点的一个力 $\boldsymbol{F}_R$，且 $O$、$O'$ 两点之间的距离 $d = \left| \dfrac{M''_O}{F'_R} \right| = \dfrac{M_O \sin\alpha}{F'_R}$。由于力偶矩矢量是自由矢量，故可将 $\boldsymbol{M}'_O$ 平行移至 $O'$ 点，使之与 $\boldsymbol{F}_R$ 共线（图 3-20c），这时力系不能再进一步简化。这种由一个力和一个在力垂直平面内的力偶组成的力系，称为力螺旋。如果力螺旋中的力矢 $\boldsymbol{F}'_R$ 与力偶矩矢 $\boldsymbol{M}_O$ 的指向相同（图 3-21a），称为右手力螺旋；若 $\boldsymbol{F}'_R$ 与 $\boldsymbol{M}_O$ 的指向相反（图 3-21b），则称为左手力螺旋。力螺旋中力 $\boldsymbol{F}'_R$ 的作用线称为该力螺旋的中心轴。

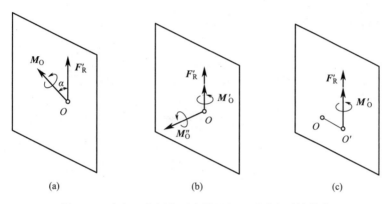

图 3-20　主矢、主矩均不为零且相互不垂直时的简化

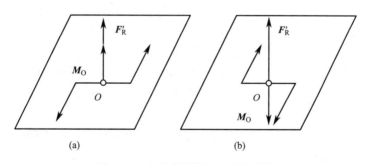

图 3-21　右手力螺旋与左手力螺旋

（5）若主矢量 $\boldsymbol{F}'_R = 0$，主矩 $\boldsymbol{M}_O = 0$，则力系平衡，此种情况将在下一节讨论。

### 3.3.3　固定端约束与刚结点

固定端或插入端是常见的一种约束形式，这类约束的特点是连接处有很大的刚性，不允许连接处发生任何相对移动和转动，即约束与被约束物体彼此固结为一整体的约束，又称为固定端支座，或简称为固定支座。例如图 3-22（a）所示现浇钢筋混凝土柱及其基础的连接端，图 3-22（b）、（c）所示墙体对雨篷、刀架对车刀也构成固定支座。固定支座的力学简图如图 3-22（d）所示。当被约束物体受到空间主动力系作用时，固定支座对被约

束物体的反力系也是一空间力系，将此约束反力系向支座中心 $A$ 点简化得一约束反力主
矢量 $\boldsymbol{F}_{RA}$（通常用相互垂直的分力 $\boldsymbol{F}_{Ax}$、$\boldsymbol{F}_{Ay}$、$\boldsymbol{F}_{Az}$ 表示）和一反力偶主矩 $\boldsymbol{M}_A$（通常用其
沿坐标轴的三个分量 $M_{Ax}$、$M_{Ay}$、$M_{Az}$ 表示），如图 3-22（e）所示。当被固定支座约束的
物体所受的主动力系是位于同一平面（如 $xy$ 平面）的平面力系时，固定支座对被约束物
体的反力系也是一位于该平面内的平面力系，向支座中心 $A$ 点简化时，通常用三个分量
$\boldsymbol{F}_{Ax}$、$\boldsymbol{F}_{Ay}$、$\boldsymbol{M}_A$ 来表示（图 3-22f）。

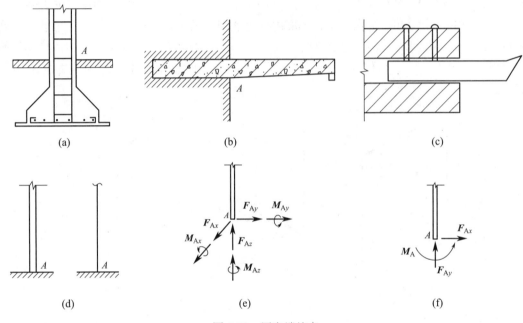

图 3-22　固定端约束

　　当两物体刚性连接形成一整体，彼此不能有任何的相对移动和转动，这样的连接点称
为刚结点。例如钢筋混凝土框架结构中的梁与柱的连接点处，上柱、下柱与梁被浇筑成整
体，即可视为刚结点。刚结点的约束性质和约束反力的构成情况与固定支座完全一致。

### 3.3.4　沿直线分布的同向线荷载的合力

　　在狭长面积或体积上平行分布的荷载，都可简化为线荷载。在工程中，结构常常受到
各种形式的线荷载作用。平面结构所受的线荷载，常见的是沿某一直线并垂直于该直线连
续分布的同向平行力系，如图 3-23 所示。

　　为求其合力 $\boldsymbol{F}_q$，选取图示坐标系 $Axy$，沿横坐标为 $x$ 处的线荷载集度为 $q(x)$，在微
段 $\mathrm{d}x$ 上的线荷载集度可视为不变，则作用在微段 $\mathrm{d}x$ 上分布力系合力的大小为

$$\mathrm{d}F_q = q(x) \cdot \mathrm{d}x = \mathrm{d}x \text{ 段上荷载图形的面积 } \mathrm{d}A_q$$

整个线荷载的合力大小为

$$F_q = \int_A^B \mathrm{d}F_q = \int_A^B q(x)\mathrm{d}x = AB \text{ 段上荷载图形的面积 } A_q$$

　　设合力 $\boldsymbol{F}_q$ 作用线与 $x$ 轴交点坐标为 $x_C$，应用合力矩定理

$$M_A(\boldsymbol{F}_q) = \sum M_A(\mathrm{d}F_q)$$

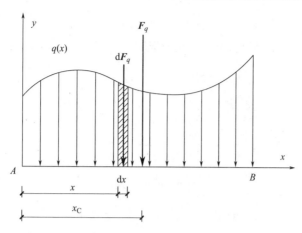

图 3-23 沿直线分布的同向线荷载的合力示意图

则有

$$-F_q \cdot x_c = -\int_A^B \mathrm{d}F_q \cdot x = -\int_A^B q(x) \cdot x \cdot \mathrm{d}x$$

$$x_C = \int_A^B q(x) \cdot x \cdot \mathrm{d}x / F_q = \int_A^B x \cdot \mathrm{d}A_q / A_q$$

由高等数学知识知，$x_C$ 是线段 $AB$ 上荷载图形形心 $C$ 的 $x$ 坐标。

以上结果表明：沿直线且垂直于该直线分布的同向线荷载，其合力的大小等于荷载图形面积，合力的方向与原荷载方向相同，合力作用线通过荷载图形形心。

工程上常见的均布荷载，三角形分布荷载的合力及其作用线位置如图 3-24（a）、（b）、（c）所示，梯形荷载可看作集度为 $q_A$ 的均布荷载和最大集度为 $q_B - q_A$（设 $q_B > q_A$）的三角形分布荷载叠加而成，这两部分的合力分别为 $F_{q_1}$ 和 $F_{q_2}$，如图 3-24（d）所示。

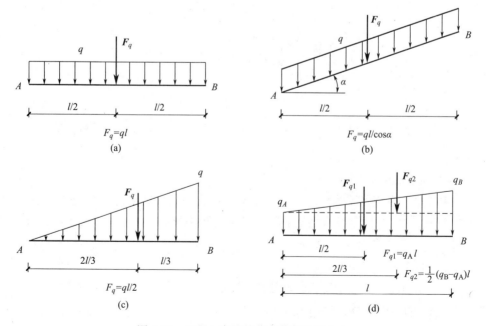

图 3-24 工程上常见的分布荷载及其合力

【例 3-2】 如图 3-25 所示平面一般力系。已知：$F_1=130\text{N}$，$F_2=100\sqrt{2}\,\text{N}$，$F_3=50\text{N}$，$M=500\text{N}\cdot\text{m}$，图中尺寸单位为 m，各力作用线位置如图。试求该力系合成的结果。

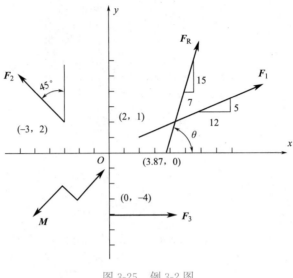

图 3-25  例 3-2 图

解：1) 以 $O$ 点为简化中心，建立图示直角坐标系 $Oxy$。

2) 计算主矢量 $\boldsymbol{F}'_R$

$$F'_{Rx}=\sum F_{ix}=F_1\cdot\frac{12}{13}-F_2\cos45°+F_3=70\text{N}$$

$$F'_{Ry}=\sum F_{iy}=F_1\cdot\frac{5}{13}+F_2\sin45°=150\text{N}$$

$$\left.\begin{array}{l}F'_R=\sqrt{F'^2_{Rx}+F'^2_{Ry}}=165.3\text{N}\\[2mm]\tan\theta=\left|\dfrac{F'_{Ry}}{F'_{Rx}}\right|=\dfrac{15}{7}\end{array}\right\}$$

3) 计算主矩 $M_O$

$$M_O=\sum M_O(\boldsymbol{F})$$

$$=-F_1\cdot\frac{12}{13}\times1\text{m}+F_1\cdot\frac{5}{13}\times2\text{m}+F_2\sin45°\times2\text{m}-F_2\cos45°\times3\text{m}+F_3\times4\text{m}+M=$$

$580\text{N}\cdot\text{m}$

4) 求合力 $\boldsymbol{F}_R$ 的作用线位置

由于主矢量、主矩都不为零，所以这个力系简化的最后结果为一合力 $\boldsymbol{F}_R$。$\boldsymbol{F}_R$ 的大小和方向与主矢量 $\boldsymbol{F}'_R$ 相同，而合力 $\boldsymbol{F}_R$ 与 $x$ 轴的交点坐标为

$$x=M_O/F'_{Rx}=3.87\text{m}$$

合力 $\boldsymbol{F}_R$ 的作用线如图 3-25 所示。

【例 3-3】 如图 3-26 所示长方体，相邻三棱边 $CD$、$CO$、$CA$ 长各为 $2a$、$a$、$a$，在四个顶点 $O$、$A$、$B$、$C$ 上分别作用有大小为 $F_1=\sqrt{5}F$，$F_2=\sqrt{5}F$，$F_3=\sqrt{2}F$，$F_4=\sqrt{5}F$ 的四个力，方向如图 3-26 所示。试求此力系向 $O$ 点的简化结果。

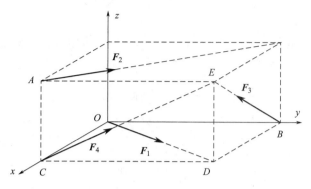

图 3-26　例 3-3 图

解：1）以 $O$ 点为简化中心，建立图示直角坐标系 $Oxyz$。

2）计算主矢量 $\boldsymbol{F}'_R$

$$F'_{Rx} = \sum F_{ix} = F_1 \cdot \frac{1}{\sqrt{5}} - F_2 \cdot \frac{1}{\sqrt{5}} + F_3 \cdot \frac{1}{\sqrt{2}} = F$$

$$F'_{Ry} = \sum F_{iy} = F_1 \cdot \frac{2}{\sqrt{5}} + F_2 \cdot \frac{2}{\sqrt{5}} + F_4 \cdot \frac{2}{\sqrt{5}} = 6F$$

$$F'_{Rz} = \sum F_{iz} = F_3 \cdot \frac{1}{\sqrt{2}} + F_4 \cdot \frac{1}{\sqrt{5}} = 2F$$

主矢量 $\boldsymbol{F}'_R$ 的大小和方向由其解析式确定

$$\boldsymbol{F}'_R = F\boldsymbol{i} + 6F\boldsymbol{j} + 2F\boldsymbol{k}$$

3）计算主矩 $\boldsymbol{M}_O$

$$M_{Ox} = \sum M_x(\boldsymbol{F}_i) = -F_2 \cdot \frac{2}{\sqrt{5}} \cdot a + F_3 \cdot \frac{1}{\sqrt{2}} \cdot 2a = 0$$

$$M_{Oy} = \sum M_y(\boldsymbol{F}_i) = F_2 \cdot \frac{1}{\sqrt{5}} \cdot a + F_4 \cdot \frac{1}{\sqrt{5}} \cdot a = 2Fa$$

$$M_{Oz} = \sum M_z(\boldsymbol{F}_i) = F_2 \cdot \frac{2}{\sqrt{5}} \cdot a + F_4 \cdot \frac{2}{\sqrt{5}} \cdot a - F_3 \cdot \frac{1}{\sqrt{2}} \cdot 2a = 2Fa$$

主矩 $\boldsymbol{M}_O$ 的大小和方向由其解析式确定

$$\boldsymbol{M}_O = 2Fa\boldsymbol{j} + 2Fa\boldsymbol{k}$$

# 3.4　力系的平衡及应用

## 3.4.1　空间一般力系的平衡方程

空间一般力系向任一点简化后，一般得到一个力和一个力偶。此力和力偶分别决定于力系的主矢量和力系对简化中心的主矩。因此，空间一般力系平衡的必要充分条件是：力系的主矢量和对于任一点的主矩同时都等于零。即

$$\left.\begin{array}{l} \boldsymbol{F}'_{\mathrm{R}}=0 \\ \boldsymbol{M}_{\mathrm{O}}=0 \end{array}\right\} \tag{3-34}$$

利用主矢量和主矩的解析式（3-23）和式（3-27），可将上述平衡条件用解析式表示为

$$\left.\begin{array}{l} \sum F_{ix}=0 \\ \sum F_{iy}=0 \\ \sum F_{iz}=0 \end{array}\right\} \qquad \left.\begin{array}{l} \sum M_x(\boldsymbol{F}_i)=0 \\ \sum M_y(\boldsymbol{F}_i)=0 \\ \sum M_z(\boldsymbol{F}_i)=0 \end{array}\right\} \tag{3-35}$$

即空间一般力系平衡的解析条件是力系中所有各力在任一轴上投影的代数和为零，同时力系中各力对任一轴力矩的代数和为零。式（3-35）称为空间一般力系的平衡方程。

应当指出，由空间一般力系平衡的解析条件可知，在实际应用平衡方程时，所选各投影轴不必一定正交，且所选各力矩轴也不必一定与投影轴重合。此外，还可用力矩方程取代投影方程，但独立平衡方程总数仍然是 6 个。

空间一般力系是力系中最一般的情况，由空间一般力系的平衡方程，可以直接推导出各种特殊力系的平衡方程。

下面介绍几个空间一般力系的特殊情况。

**1. 空间平行力系的平衡方程**

设物体受到一空间平行力系作用而平衡，如图 3-27 所示，令 $z$ 轴与各力平行，则力系中各力在 $x$ 轴和 $y$ 轴上的投影以及各力对于 $z$ 轴的矩都恒等于零。因此式（3-35）退化为三个方程，即空间平行力系只有三个独立平衡方程。

$$\left.\begin{array}{l} \sum F_{iz}=0 \\ \sum M_x(\boldsymbol{F}_i)=0 \\ \sum M_y(\boldsymbol{F}_i)=0 \end{array}\right\} \tag{3-36}$$

**2. 空间汇交力系的平衡方程**

设物体受到一空间汇交力系作用而平衡，如图 3-28 所示，过汇交点建立投影坐标系 $Oxyz$，则力系中各力对于 $x$、$y$、$z$ 轴的矩都恒等于零。因此式（3-35）退化为三个方程，即空间汇交力系只有三个独立平衡方程。

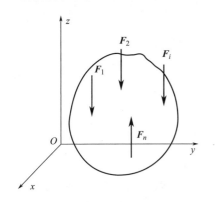

图 3-27 空间平行力系

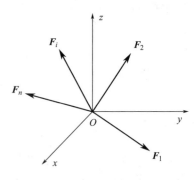

图 3-28 空间汇交力系

$$\left.\begin{array}{l} \sum F_{ix}=0 \\ \sum F_{iy}=0 \\ \sum F_{iz}=0 \end{array}\right\} \qquad (3\text{-}37)$$

**3. 空间力偶系的平衡方程**

设物体受到一空间力偶系作用而平衡，如图 3-29（a）所示。建立图示参考系 $Oxyz$，则力偶系中各力在 $x$、$y$、$z$ 轴上的投影都恒等于零。因此式（3-35）退化为三个方程，即空间力偶系只有三个独立平衡方程。

$$\left.\begin{array}{l} \sum M_{ix}=0 \\ \sum M_{iy}=0 \\ \sum M_{iz}=0 \end{array}\right\} \qquad (3\text{-}38)$$

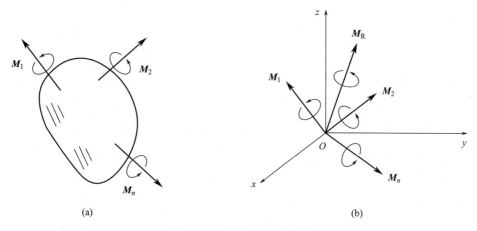

(a)　　　　　　　　　　　　(b)

图 3-29　空间力偶系及其合成

## 3.4.2　平面一般力系的平衡方程

**1. 平面一般力系平衡方程的基本形式**

设物体在 $Oxy$ 平面内受到一平面任意力系作用而平衡。则力系中各力在 $z$ 轴上的投影以及各力对于 $x$ 轴和 $y$ 轴的力矩都恒等于零。因此式（3-35）退化为三个方程，即平面任意力系只有三个独立平衡方程。

$$\left.\begin{array}{l} \sum F_{ix}=0 \\ \sum F_{iy}=0 \\ \sum M_{z}(\boldsymbol{F}_{i})=\sum M_{O}(\boldsymbol{F}_{i})=0 \end{array}\right\} \qquad (3\text{-}39)$$

这就是平面一般力系平衡方程的基本形式。它表明，平面一般力系平衡的解析条件为：力系中各力在力系平面内任一轴上投影的代数和为零，同时各力对力系平面内任一点力矩的代数和也为零。

**2. 平面一般力系平衡方程的其他形式**

1）二矩式平衡方程

$$\left.\begin{array}{l}\sum F_{ix}=0\\\sum M_A(\boldsymbol{F}_i)=0\\\sum M_B(\boldsymbol{F}_i)=0\end{array}\right\}\quad(3\text{-}40)$$

其中 $A$、$B$ 两矩心所连直线不得与所选投影轴（$x$ 轴）垂直。

在式（3-40）中，若后两式成立，则力系或简化为一作用线通过 $A$、$B$ 两点的合力，或平衡。又若第一式也成立，则表明力系即使能简化为一合力，此力的作用线只能与 $x$ 轴垂直，但式（3-40）的附加条件［$A$、$B$ 两矩心所连直线不得与所选投影轴（$x$ 轴）垂直］决定了不可能存在此种情形，故该力系必为平衡力系。反之，如力系平衡，则其主矢量和对任一点的主矩均为零，故式（3-40）亦必然成立。

2）三矩式平衡方程

$$\left.\begin{array}{l}\sum M_A(\boldsymbol{F})=0\\\sum M_B(\boldsymbol{F})=0\\\sum M_C(\boldsymbol{F})=0\end{array}\right\}\quad(3\text{-}41)$$

其中 $A$、$B$、$C$ 三点不得共直线。

此种平衡方程的正确性，读者可自行证明。

应当指出，平面一般力系的平衡方程虽有上述三种不同的形式，但一个在这种力系作用下处于平衡的物体却最多只能有三个独立的平衡方程式，任何第四个平衡方程式都是力系平衡的必然结果，为前三个独立方程式的线性组合，因而不是独立方程。在实际应用中，应根据具体情况灵活选用一种形式的平衡方程，力求达到一个方程式中只含一个未知量，以使计算简便。

平面力系中其他特殊力系的平衡方程都可以由平面一般力系的平衡方程直接推导出来。请读者自行推导。

### 3.4.3 力系平衡方程应用举例

力系的平衡问题，在工程实际和后续课程中极为常用。本节将主要讨论单个物体的平衡问题。求解单个物体平衡问题的要点：

1）选择研究对象，取分离体，进行受力分析并画受力图。

2）根据受力图中力系的分布特点，特别是要分析未知力的分布特点，灵活地选择投影轴、矩心或矩轴，建立平衡方程。

建立平衡方程的原则是：尽可能使所列出的每一个平衡方程式中都只包含一个未知量，避免求解联立方程，以使解题过程简单。

3）求解所列平衡方程，解得题目所需求解的未知量。

**1. 平面力系的平衡问题**

【例 3-4】图 3-30（a）所示为一管道支架，其上搁有管道，设每一支架所承受的管重 $G_1=12\text{kN}$，$G_2=7\text{kN}$，支架重不计。求支座 $A$ 和 $C$ 处的约束反力，尺寸如图 3-30 所示。

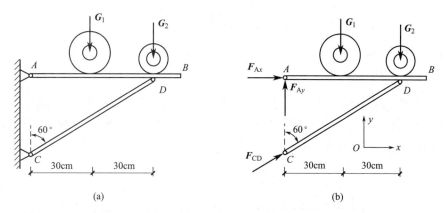

图 3-30　例 3-4 图

解：以支架连同管道一起作为研究对象，其上所受力有：已知的主动力 $G_1$、$G_2$ 和 3 个未知的约束反力 $F_{Ax}$、$F_{Ay}$、$F_{CD}$。其受力图如图 3-30（b）所示。各力组成一平面一般力系。故用平面一般力系的平衡方程求解。建立参考系 $Oxy$，列平衡方程，求未知力。

因为 $A$ 点是两未知力 $F_{Ax}$、$F_{Ay}$ 的交点，故先选 $A$ 点为矩心，建立力矩方程

$$\sum M_A(\boldsymbol{F}_i)=0 \quad F_{CD}\cos30°\times 60\text{cm}\,\tan30°-G_1\times 30\text{cm}-G_2\times 60\text{cm}=0 \quad F_{CD}=G_1+2G_2=26\text{kN}$$

$$\sum F_{ix}=0 \quad F_{Ax}+F_{CD}\sin60°=0 \quad F_{Ax}=-F_{CD}\sin60°=-22.5\text{kN}$$

$$\sum F_{iy}=0 \quad F_{Ay}+F_{CD}\cos60°-G_1-G_2=0 \quad F_{Ay}=G_1+G_2-F_{CD}\cos60°=6\text{kN}$$

本题也可采用平面一般力系平衡方程的二矩式或三矩式进行求解，请读者自己解答。

【例 **3-5**】试求图 3-31（a）所示悬臂刚架固定支座 $A$ 的约束反力。已知：$q=10\text{kN/m}$，$F=10\text{kN}$，$M=8\text{kN}\cdot\text{m}$。

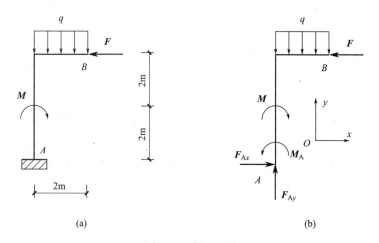

图 3-31　例 3-5 图

解：取刚架 $AB$ 为研究对象，其上所受力有：已知的集中力 $F$、集度为 $q$ 的线性分布荷载，集中力偶；未知的三个约束反力 $F_{Ax}$、$F_{Ay}$、$M_A$。刚架 $AB$ 的受力图如图 3-31（b）所示。各力组成一平面一般力系。建立图示 $Oxy$ 坐标系，列平衡方程求解

$$\sum F_{ix} = 0 \quad F_{Ax} - F = 0 \quad F_{Ax} = F = 10\text{kN}$$

$$\sum F_{iy} = 0 \quad F_{Ay} - q \times 2\text{m} = 0 \quad F_{Ay} = 20\text{kN}$$

$$\sum M_A(F_i) = 0 \quad M_A + F \times 4\text{m} - q \times 2\text{m} \times 1\text{m} - M = 0 \quad M_A = -12\text{kN} \cdot \text{m}$$

【例 3-6】塔式起重机如图 3-32 所示。设机身所受重力为 $G_1$，且作用线距右轨 $B$ 为 $e$，载重的重力 $G_2$ 距右轨的最大距离为 $l$，轨距 $AB = b$，又平衡重的重力 $G_3$ 距左轨 $A$ 为 $a$。求起重机满载和空载时均不致翻倒，平衡重的重量 $G_3$ 所应满足的条件。

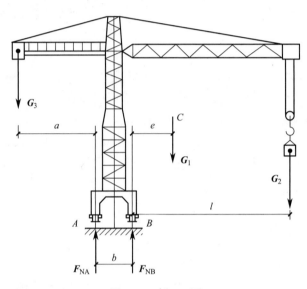

图 3-32　例 3-6 图

解：以起重机整体为研究对象。起重机不致翻倒时，其所受的主动力 $G_1$、$G_2$、$G_3$ 和约束反力 $F_{NA}$、$F_{NB}$ 组成一平衡的平面平行力系，受力图如图 3-32 所示。

满载且载重 $G_2$ 距右轨最远时，起重机有绕 $B$ 点往右翻倒的趋势，列平衡方程

$$\sum M_B(F_i) = 0$$

$$-F_{NA}b - G_1e - G_2l + G_3(a+b) = 0$$

$$F_{NA} = [G_3(a+b) - G_2l - G_1e]/b$$

此种情况下，起重机若不绕 $B$ 点往右翻倒，须使 $F_{NA}$ 满足条件（即不翻倒条件）

$$F_{NA} \geqslant 0$$

其中等号对应于起重机处于翻倒与不翻倒的临界状态。由以上两式可得到满载且平衡时 $G_3$ 所应满足的条件为 $G_3 \geqslant (G_1e + G_2l) / (a+b)$

空载时（$G_2 = 0$），起重机有绕 $A$ 点向左翻倒的趋势，列平衡方程

$$\sum M_A(F_i) = 0$$

$$F_{NB}b - G_1(b+e) + G_3a = 0$$

$$F_{NB} = [G_1(b+e) - G_3a]/b$$

此种情况下，起重机不绕 $A$ 点向左翻倒的条件是

$$F_{NB} \geqslant 0$$

于是空载且平衡时 $G_3$ 所应满足的条件为 $G_3 \leqslant G_1(e+b)/a$

由此可见，起重机满载和空载均不致翻倒时，平衡重重量 $G_3$ 所应满足的条件为

$$\frac{G_1 e + G_2 l}{a+b} \leqslant G_3 \leqslant \frac{G_1(e+b)}{a}$$

**2. 空间一般力系的平衡问题**

【例 3-7】如图 3-33（a）所示悬臂刚架 $ABC$，$A$ 端固定在基础上，在刚架的 $B$ 点和 $C$ 点分别作用有沿 $y$ 方向和 $x$ 方向的水平力 $\boldsymbol{F}_1$ 和 $\boldsymbol{F}_2$，在 $C$ 点还作用有矩矢沿 $x$ 方向的力偶 $\boldsymbol{M}$，在 $BC$ 段作用有集度为 $q$ 的铅垂均布荷载。已知：$F_1 = 10\text{kN}$，$F_2 = 20\text{kN}$，$q = 5\text{kN/m}$，$M = 15\text{kN} \cdot \text{m}$，$h = 3\text{m}$，$l = 4\text{m}$，忽略刚架的重量，试求固定端 $A$ 的约束反力。

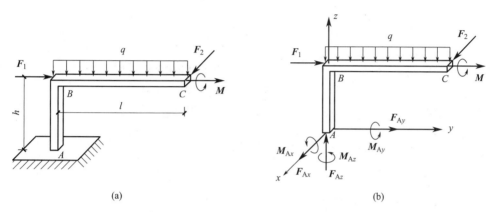

图 3-33　例 3-7 图

解：选取刚架 $ABC$ 为研究对象，由于 $A$ 是固定端，且作用在刚架上的主动力为空间力系，因此当刚架平衡时，$A$ 端的约束反力也是一空间力系。故 $A$ 端的约束反力用三个相互垂直的分力 $\boldsymbol{F}_{Ax}$、$\boldsymbol{F}_{Ay}$、$\boldsymbol{F}_{Az}$ 和力偶矩矢分别为 $\boldsymbol{M}_{Ax}$、$\boldsymbol{M}_{Ay}$、$\boldsymbol{M}_{Az}$ 的三个分力偶表示。刚架受力图如图 3-33（b）所示。显然这是一个空间一般力系的平衡问题。

建立图示 $Axyz$ 坐标系，列平衡方程并求解

$$\sum F_{ix} = 0, \quad F_{Ax} + F_2 = 0, \quad F_{Ax} = -20\text{kN}$$

$$\sum F_{iy} = 0, \quad F_{Ay} + F_1 = 0, \quad F_{Ay} = -10\text{kN}$$

$$\sum F_{iz} = 0, \quad F_{Az} - ql = 0, \quad F_{Az} = 20\text{kN}$$

$$\sum M_x(\boldsymbol{F}_i) = 0, \quad M_{Ax} - F_1 h - \frac{1}{2}ql^2 = 0, \quad M_{Ax} = 70\text{kN} \cdot \text{m}$$

$$\sum M_y(\boldsymbol{F}) = 0, \quad M_{Ay} + F_2 h + M = 0, \quad M_{Ay} = -75\text{kN} \cdot \text{m}$$

$$\sum M_z(\boldsymbol{F}) = 0, \quad M_{Az} - F_2 l = 0, \quad M_{Az} = 80\text{kN} \cdot \text{m}$$

【例 3-8】均质长方形板 $ABCD$ 重量为 $G$，用球形铰链 $A$ 和蝶形铰支座 $B$ 约束于墙上，并用绳 $EC$ 连接使其保持在水平位置，现在板的对角线 $DB$ 的 $K$ 处（$DK = 1/3DB$）搁置一重量为 $G$ 的物体，如图 3-34（a）所示。求支座 $A$、$B$ 的约束反力及绳的拉力。

解：以板 $ABCD$ 为研究对象，板所受的力有：板的重力 $\boldsymbol{G}$，$K$ 处物体的重力 $\boldsymbol{G}$，球形铰支座的约束反力 $\boldsymbol{F}_{Ax}$、$\boldsymbol{F}_{Ay}$、$\boldsymbol{F}_{Az}$，蝶形铰支座的约束反力 $\boldsymbol{F}_{Bx}$、$\boldsymbol{F}_{Bz}$ 及绳的拉力 $\boldsymbol{F}_T$。

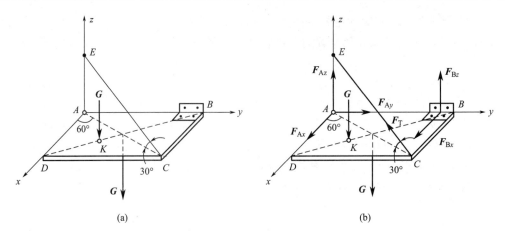

图 3-34　例 3-8 图

这些力构成一空间一般力系，故可用空间一般力系的平衡方程求解。板 $ABCD$ 受力图如图 3-34（b）所示。建立图示 $Axyz$ 坐标系，列平衡方程并求解。

为避免解联立方程，首先以 $y$ 轴为力矩轴，列力矩方程

$$\sum M_y(\boldsymbol{F}_i)=0,\quad -F_T\sin30°\cdot BC+G\cdot\frac{BC}{2}+G\cdot\frac{2BC}{3}=0\quad F_T=\frac{7}{3}G$$

其次选 $z$ 轴为轴力矩轴，列力矩方程

$$\sum M_z(\boldsymbol{F}_i)=0,\quad -F_{Bx}\cdot AB=0\quad F_{Bx}=0$$

再选由 $A$ 点指向 $C$ 点的 $AC$ 轴为力矩轴，列力矩方程

$$\sum M_{AC}(\boldsymbol{F})=0,\quad F_{Bz}\cdot AB\sin30°+G\cdot\frac{1}{6}AB\sin30°=0\quad F_{Bz}=-\frac{1}{6}G$$

最后，分别选三个坐标轴为投影轴，列投影方程

$$\sum F_{ix}=0,\ F_{Ax}-F_T\cos30°\cdot\cos60°=0\quad F_{Ax}=\frac{7\sqrt3}{12}G$$

$$\sum F_{iy}=0,\ F_{Ay}-F_T\cos30°\cdot\sin60°=0\quad F_{Ay}=\frac{7}{4}G$$

$$\sum F_{iz}=0,\ F_{Az}+F_T\sin30°+F_{Bz}-2G=0\quad F_{Az}=G$$

# 3.5　物体系统的平衡

## 3.5.1　物体系统概念

在工程实际中，常需要研究由若干个借助某些约束按一定方式组成的物体系统的平衡问题。

当物体系统平衡时，系统内的每个组成物体都处于平衡；反之，系统内每一个组成物体都平衡时，则物体系统也一定是平衡的。因此，在解决物体系统的平衡问题时，既可选整个系统为研究对象，也可选其中某部分或某个物体为研究对象，取出相应的分离体，画出受力图，然后列出相应的平衡方程，以解出所需的未知量。

在研究物体系统的平衡问题时,不仅要分析系统外的其他物体对这个系统的作用,而且还要分析系统内各物体之间的相互作用。而将研究对象以外的其他物体对研究对象的作用称为外力;研究对象内部各物体间的相互作用称为内力。由于内力必成对存在,且每对内力中的两个力均等值、反向、共线并同时作用于所选的研究对象上,故内力不应出现在受力图和平衡方程中。由于内力、外力的划分是相对于所取的研究对象而言的,因此,欲求物体系统内部某处的相互作用力,必须从欲求相互作用力的约束处,将物体系统拆开,取其中某部分为研究对象,使欲求处的相互作用力转化为该研究对象的外力,再用平衡方程求解。

物体系统的平衡问题既是工程力学的重点,也是一个难点。解这类问题,既要涉及比较复杂的物体受力分析和各类平衡方程的灵活运用,还要涉及解题方案的选择。所有这些都与物体系统的组成方式及构造特点有关。

在工程实际中,组成物体系统的物体数目、约束设置、各物体间的连接方式以及外表形状,可以说是千变万化。但按其构造特点和荷载传递规律可将物体系统归纳为三大类:(1)有主次之分的物体系统;(2)无主次之分的物体系统;(3)运动机构系统。

主要部分(基本部分)是指在自身部分的外约束作用下能独立承受荷载并维持平衡的部分。次要部分(附属部分)是指在自身部分的外约束作用下不能独立承受荷载和维持平衡,必须依赖于相应的主要部分才能承受荷载并维持平衡的部分。

### 3.5.2　有主次之分物体系统的平衡

有主次之分的物体系统,其荷载传递规律是:作用在主要部分上的荷载,不传递给相应的次要部分,也不传递给与它无关的其他主要部分;而作用在次要部分上的荷载,一定要传递给与它相关的主要部分。

因此,在研究有主次之分的物体系统的平衡问题时,应先分析次要部分,后分析主要部分或整体。

【例 3-9】如图 3-35 (a) 所示多跨刚架受平面力系作用。已知:$q$、$l$、$F = \dfrac{\sqrt{3}}{2}ql$、$M = ql^2/2$。试求 $A$、$D$ 处的约束反力。

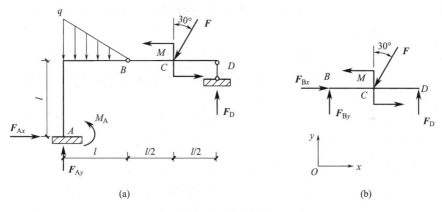

图 3-35　例 3-9 图

解：这是一个由主要部分 AB 和次要部分 BD 组成的物体系统。

据此，先分析次要部分 BD，其受力图如图 3-35（b）所示。建立图示参考系 Oxy，列平衡方程并求解。由于本题只要求出 D 处的约束反力，而不必要求出 B 处的约束反力，故

$$\sum M_B(\boldsymbol{F}_i)=0,\ F_D \cdot l - F\cos30° \cdot \frac{l}{2} + M = 0$$

$$F_D = -\frac{1}{8}ql$$

其次，由于整个系统内约束 B 的约束处反力未求出，故不能以主要部分 AB 为研究对象，而选取整体为研究对象，其受力图如图 3-35（a）所示，列平衡方程并求解

$$\sum F_{ix}=0,\ F_{Ax} - F\sin30° = 0$$

$$F_{Ax} = \frac{\sqrt{3}}{4}ql$$

$$\sum F_{iy}=0,\ F_{Ay} + F_D - F\cos30° - \frac{1}{2}ql = 0$$

$$F_{Ay} = \frac{11}{8}ql$$

$$\sum M_A(\boldsymbol{F}_i)=0,\ M_A + M + F_D \cdot 2l + F\sin30° \cdot l - F\cos30° \cdot \frac{3}{2}l - \frac{1}{2}ql \cdot \frac{1}{3}l = 0$$

$$M_A = 0.61ql^2$$

本题如果采用先研究整体后研究 BD，或先研究整体后研究 AB，以及先研究 AB 后研究 BD 的解题方案，除 $\boldsymbol{F}_{Ax}$ 外都不可能由一个方程求解出任何一个未知力，必须联立求解。可见，求解物体系统的平衡问题时，应通过分析比较，选择出最优解题方案。

### 3.5.3　无主次之分物体系统的平衡

无主次之分的物体系统，其荷载传递规律是：作用在各组成部分上的荷载，一般要通过相互连接的约束，相互进行传递。因此，为选择出最优的解题方案，需根据具体情况，灵活选取研究对象及分析次序。

【例 3-10】如图 3-36（a）所示三铰刚架，其顶部受沿水平方向均匀分布的铅垂荷载作用，荷载集度 $q=8\mathrm{kN/m}$，在 D 处受其值 $F=30\mathrm{kN}$ 的水平集中力作用。刚架自重不计，试求 A、B、C 处约束反力。

解：这是一个无主次之分的物体系统。如先选取 BC 或 AC 为研究对象，都有四个未知量，无论怎么选取投影轴或矩心，所列出的平衡方程中都至少包含两个未知量，需解联立方程才能求解。

然而，如先以整体为研究对象，其受力图如图 3-36（a）所示。虽然仍然有 4 个未知力，但发现其中有 3 个未知力作用线的交点，如以此交点为矩心列平衡方程，即可简便地求出另一个未知力，故

$$\sum M_A(\boldsymbol{F}_i)=0,\ F_{By} \times 12\mathrm{m} - F \times 6\mathrm{m} - q \times 12\mathrm{m} \times 6\mathrm{m} = 0$$

$$F_{By} = 63\mathrm{kN}$$

同样可列平衡方程

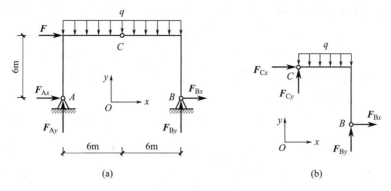

图 3-36　例 3-10 图

$$\sum M_B(\boldsymbol{F}_i)=0, \quad -F_{Ay}\times 12\mathrm{m}-F\times 6\mathrm{m}+q\times 12\mathrm{m}\times 6\mathrm{m}=0$$

$$F_{Ay}=33\mathrm{kN}$$

其次选择 BC 部分为研究对象，其受力图如图 3-36（b）所示，建立图示 $Oxy$ 参考系。由于 $\boldsymbol{F}_{By}$ 现已成为已知量，故

$$\sum M_C(\boldsymbol{F}_i)=0, \quad F_{Bx}\times 6\mathrm{m}+F_{By}\times 6\mathrm{m}-q\times 6\mathrm{m}\times 3\mathrm{m}=0$$

$$F_{Bx}=-39\mathrm{kN}$$

$$\sum F_{ix}=0, \quad F_{Bx}+F_{Cx}=0$$

$$F_{Cx}=39\mathrm{kN}$$

$$\sum F_{iy}=0, \quad F_{Cy}+F_{By}-q\times 6\mathrm{m}=0$$

$$F_{Cy}=-15\mathrm{kN}$$

最后，回到整体分析，列平衡方程

$$\sum F_{ix}=0, \quad F_{Ax}+F_{Bx}+F=0$$

$$F_{Ax}=9\mathrm{kN}$$

【例 3-11】 如图 3-37（a）所示三铰刚架，受均布荷载 $q$ 及力偶矩为 $M$ 的力偶作用，已知 $q=10\mathrm{kN/m}$，$M=20\mathrm{kN\cdot m}$，试求支座 $A$、$B$ 的约束反力。

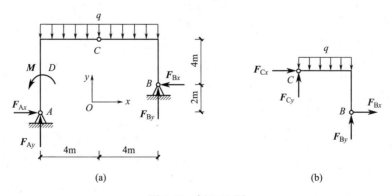

图 3-37　例 3-11 图

解：这是一个无主次之分的物体系统，如先选取 BC 或 AC 为研究对象，都有四个未知量，无论怎么选取投影轴或矩心，所列出的平衡方程中都至少包含两个未知量，需解联立方程才能求解。

同样，如先以整体为研究对象，仍然有四个未知量，无论怎么选取投影轴或矩心，所列出的平衡方程中仍至少包含两个未知量，需解联立方程才能求解。

因此，此种情形不可避免要解联立方程才能求得结论，但应设法使所解联立方程数最少。

首先选择整体为研究对象，其受力图如图 3-37（a）所示，列平衡方程

$$\sum M_A(\boldsymbol{F}_i)=0, \ F_{Bx}\times2\mathrm{m}+F_{By}\times8\mathrm{m}+M-q\times8\mathrm{m}\times4\mathrm{m}=0 \quad\quad (1)$$

其次选取 BC 部分为研究对象，其受力图如图 3-37（b）所示。列平衡方程

$$\sum M_C(\boldsymbol{F}_i)=0, \ -F_{Bx}\times4\mathrm{m}+F_{By}\times4\mathrm{m}-q\times4\mathrm{m}\times2\mathrm{m}=0 \quad\quad (2)$$

联立式（1）、式（2），解得

$$F_{Bx}=14\mathrm{kN}, \ F_{By}=34\mathrm{kN}$$

最后，回到整体分析，列平衡方程

$$\sum F_{ix}=0, \ F_{Ax}-F_{Bx}=0$$
$$F_{Ax}=14\mathrm{kN}$$
$$\sum F_{iy}=0, \ F_{Ay}+F_{By}-q\times8\mathrm{m}=0$$
$$F_{Ay}=46\mathrm{kN}$$

通过以上两个例子可以看出，虽然同属一种组成情况的物体系统，但在具体构成上有所差别，其解的步骤也是有差别的。读者只有不断练习、总结才能得以提高这方面的技巧。

## 思考题

3-1 既然力偶不能与一力相平衡，为什么图 3-38 中圆轮又能平衡呢？

3-2 矩为 $M$ 的力偶和力 $F$ 同时作用在自由体的同一平面内，如果适当地变化力 $F$ 的大小、方向和作用点，有可能使自由体处于平衡状态吗？

3-3 如图 3-39 所示，正方体的顶角 $A$ 作用有力 $F$，试问下列关系式都正确吗？
(1) $[\boldsymbol{M}_B(\boldsymbol{F})]_x=M_x(\boldsymbol{F})$，(2) $[\boldsymbol{M}_B(\boldsymbol{F})]_y=M_y(\boldsymbol{F})$，(3) $[\boldsymbol{M}_O(\boldsymbol{F})]_z=M_z(\boldsymbol{F})$。

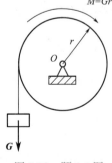

图 3-38 题 3-1 图

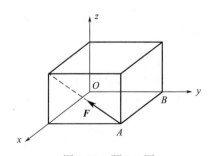

图 3-39 题 3-3 图

3-4　某平面力系向 $A$、$B$ 两点简化的主矩皆为零，此力系简化的结果可能是一个力吗？可能是一个力偶吗？可能平衡吗？

3-5　某平面力系向同一平面内任一点简化的结果都相同，此力系的最后简化结果可能是什么？

3-6　某平面力系向同一平面内 $A$、$B$ 两点简化的主矩皆为零，此力系简化的结果可能是一个力吗？可能是一个力偶吗？可能平衡吗？

3-7　某平面力系向同一平面内任一点简化的结果都相同，此力系的最后简化结果可能是什么？

3-8　平面汇交力系、平面平行力系、平面力偶系各有几个独立方程？

3-9　平面汇交力系的平衡方程可否取两个力矩方程，或一个力矩方程和一个投影方程？如能，其矩心和投影轴的选择有什么限制？

3-10　试用最简便的方法定出图 3-40 中 $A$、$B$ 处约束反力的作用线。

3-11　如图 3-41 所示体系，在图示荷载作用下能否平衡？为什么？

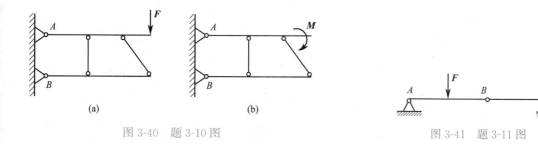

图 3-40　题 3-10 图

图 3-41　题 3-11 图

# 习题

3-1　试计算如图 3-42 所示的各图中力 $F$ 对 $A$ 点的之矩。

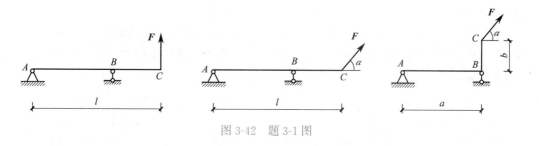

图 3-42　题 3-1 图

3-2　如图 3-43 所示薄壁钢筋混凝土挡土墙，已知墙重 $G_1 = 95\text{kN}$，覆土重 $G_2 = 120\text{kN}$，水平土压力 $F_3 = 90\text{kN}$；求使墙绕前趾 $A$ 倾覆的力矩 $M_A^q$ 和使墙趋于稳定的力矩 $M_A^w$，并计算两者的比值即抗倾覆安全系数 $K_q$。

3-3　已知力 $F_1 = 2\text{kN}$，$F_2 = 1\text{kN}$，均作用于如图 3-44 所示 $A$ 点，图中长度单位为 cm。试分别求 $F_1$ 和 $F_2$ 对 $O$ 点之矩。

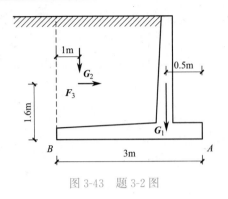

图 3-43 题 3-2 图

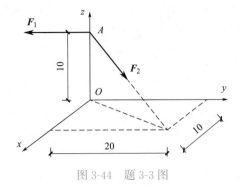

图 3-44 题 3-3 图

3-4　力 $F$ 沿边长为 $a$、$b$、$c$ 的长方体的棱边作用，如图 3-45 所示。试计算：（1）力 $F$ 对各坐标轴之矩；（2）力 $F$ 对 $B$ 点之矩；（3）力 $F$ 对于长方体对角线 $AB$ 之矩。

3-5　力 $F$ 沿边长为 $a$ 的正立方体对角线作用，如图 3-46 所示。试计算：（1）力 $F$ 对各坐标轴之矩；（2）力 $F$ 对 $D$ 点之矩。

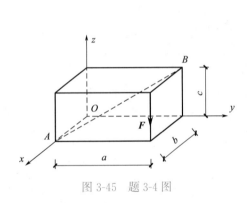

图 3-45 题 3-4 图

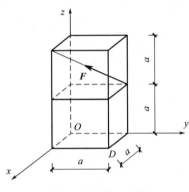

图 3-46 题 3-5 图

3-6　如图 3-47 所示平面力系中 $F_1 = 40\sqrt{2}\,\text{N}$，$F_2 = 40\text{N}$，$F_3 = 100\text{N}$，$F_4 = 80\text{N}$，$M = 3200\text{N}\cdot\text{mm}$。各力作用位置如图所示，图中尺寸的单位为 mm。求：（1）力系向 $O$ 点的简化结果；（2）力系的合力的大小、方向及作用位置。

3-7　如图 3-48 所示平面力系由三个力和两个力偶组成。已知 $F_1 = 1.5\text{kN}$，$F_2 = 2\text{kN}$，$F_3 = 3\text{kN}$，$M_1 = 100\text{N}\cdot\text{m}$，$M_2 = 80\text{N}\cdot\text{m}$。图中尺寸的单位为 mm。求：此力系简化的最后结果。

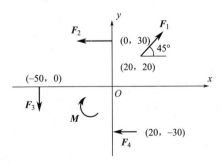

图 3-47 题 3-6 图

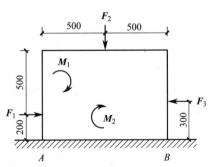

图 3-48 题 3-7 图

3-8　如图 3-49 所示为一车间的砖柱的尺寸及受力情况。由吊车传来的最大压力 $F_1=$ 56.2kN；屋面荷载作用于柱顶中点，$F_2=86.5$kN；柱的下段及上段自重分别为 $G_1=$ 43.3kN，$G_2=3.2$kN。由吊车刹车而传来的掣动力 $F_3=3.3$kN，风压力集度 $q=$ 0.236kN/m。图中尺寸的单位为 cm。试求：（1）此力系向柱子底面中点 $O$ 简化的结果；（2）此力系简化的最后结果。

3-9　在如图 3-50 所示力系中，已知 $F_1=100$N，$F_2=40$N，$F_3=160$N，$F_4=40$N，$F_5=40$N，图中尺寸的单位为 cm。试问：此力系能否合成为力螺旋？

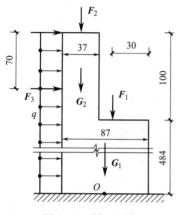

图 3-49　题 3-8 图

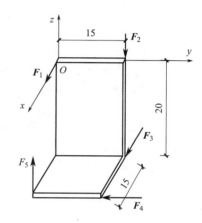

图 3-50　题 3-9 图

3-10　在如图 3-51 所示力系中，$F_1=100$N，$F_2=80\sqrt{13}$N，$F_3=50\sqrt5$N，图中尺寸的单位为 mm。试将此力系向原点 $O$ 简化。

3-11　求如图 3-52 所示各梁支座反力。自重不计。

3-12　求如图 3-53 所示各刚架的支座反力。自重不计。

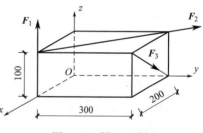

图 3-51　题 3-10 图

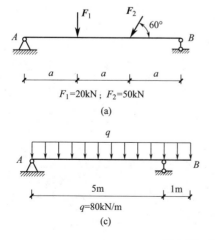

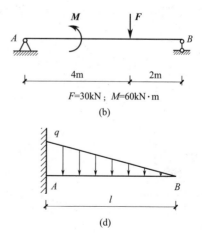

(a)　$F_1=20$kN；$F_2=50$kN

(b)　$F=30$kN；$M=60$kN·m

(c)　$q=80$kN/m

(d)

图 3-52　题 3-11 图

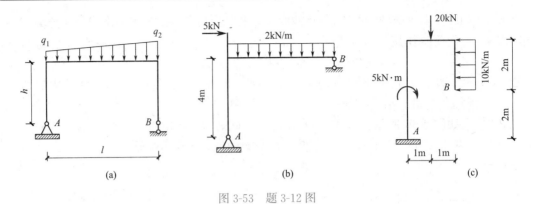

图 3-53　题 3-12 图

3-13　试求如图 3-54 所示两斜梁中 $A$、$B$ 支座的反力。自重不计。

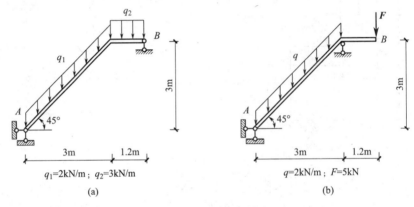

图 3-54　题 3-13 图

3-14　如图 3-55 所示为一可沿路轨移动的塔式起重机，不计平衡重时重量 $G_1 =$ 500kN，其重力作用线距右轨 1.5m，起重机的起重量 $G_2 = 250$kN，突臂伸出右轨 10m。要使在满载和空载时起重机均不致翻倒，求平衡重的最小重量 $G_3$ 以及平衡重到左轨的最大距离 $x$。

3-15　如图 3-56 所示为桅杆式起重机，$AC$ 为立柱，$BC$、$CD$ 和 $CE$ 均为钢索，$AB$ 为起重杆。$A$ 端可简化为球铰链约束。设 $B$ 点起吊重物的重量为 $G$，$AD = AE = AC = L$。

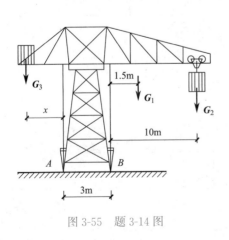

图 3-55　题 3-14 图

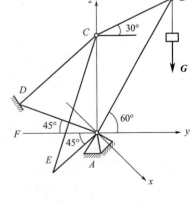

图 3-56　题 3-15 图

起重杆所在平面 $ABC$ 与对称面 $ACF$ 重合。不计立柱和起重杆的自重，求起重杆 $AB$、立柱 $AC$ 和钢索 $CD$、$CE$ 所受的力。

3-16　如图 3-57 所示的矩形板，用六根直杆支撑于水平面内，在板角处作用一铅垂力 $F$。不计板及杆的重量，求各杆的内力。

3-17　如图 3-58 所示，一边长为 $a$ 的等边三角形板 $ABC$ 被 6 根直杆支撑于水平面内，板平面内作用一力偶矩为 $M$ 的力偶，板及杆的自重不计。试求各杆的内力。

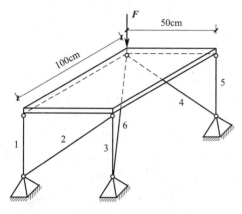

图 3-57　题 3-16 图

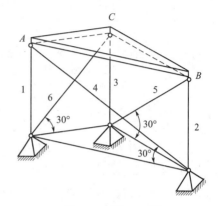

图 3-58　题 3-17 图

3-18　求如图 3-59 所示各多跨静定梁的支座反力。自重不计。

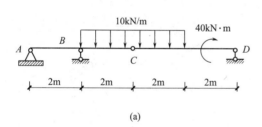

(a)

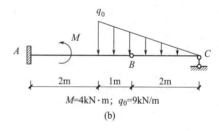

$M=4\text{kN}\cdot\text{m}$；$q_0=9\text{kN/m}$

(b)

图 3-59　题 3-18 图

3-19　求如图 3-60 所示结构中支座 $A$、$B$ 的约束反力，已知 $F=5\text{kN}$，$q=200\text{N/m}$，$q_A=300\text{N/m}$。自重不计。

3-20　试求图 3-61 所示二跨刚架的支座反力。自重不计。

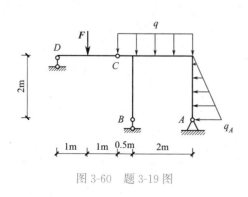

图 3-60　题 3-19 图

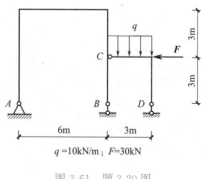

$q=10\text{kN/m}$；$F=30\text{kN}$

图 3-61　题 3-20 图

3-21 求如图 3-62 所示三铰刚架中 *A*、*B*、*C* 的约束反力。自重不计。

3-22 求如图 3-63 所示结构中 *A* 处支座反力。已知 $M = 20\text{kN} \cdot \text{m}$，$q = 10\text{kN/m}$。自重不计。

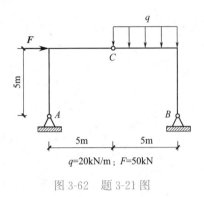

$q = 20\text{kN/m}$；$F = 50\text{kN}$

图 3-62 题 3-21 图

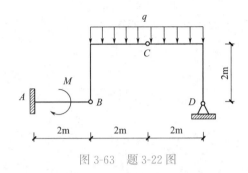

图 3-63 题 3-22 图

3-23 如图 3-64 所示，构架由 *AB*、*AC* 和 *DH* 铰接而成，在 *DEH* 杆上作用一力偶矩为 *M* 的力偶。不计各杆的重量，求 *AB* 杆上铰链 *A*、*D* 和 *B* 的约束反力。

3-24 一组合结构，尺寸及荷载如图 3-65 所示，自重不计，求杆 1、2、3 所受的力。

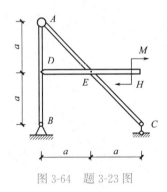

图 3-64 题 3-23 图

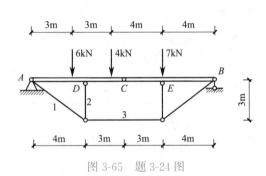

图 3-65 题 3-24 图

# 第4章　杆件的内力计算与内力图

- 本章教学的基本要求：理解杆件的四种基本变形形式；理解内力的概念；理解杆件的内力分类；掌握截面法求杆件的内力；掌握轴力图和扭矩图；掌握用微分关系绘制梁的剪力图和弯矩图；掌握区段叠加法绘制梁的内力图。
- 本章教学内容的重点：内力的概念；截面法；杆件的轴力图、扭矩图、剪力图和弯矩图。
- 本章教学内容的难点：快速绘制梁的内力图。
- 本章内容简介：

## 4.1　内力的概念与截面法

### 4.1.1　杆件变形的基本形式

杆件在不同的外力作用下，其变形形式也各不相同，但杆件变形的基本形式不外乎下列几类：

**1. 轴向拉伸或轴向压缩**

即在一对大小相等、方向相反、作用线与杆轴线重合的外力作用下，杆的相邻横截面沿轴向（或轴线切向）产生相对移动，从而引起杆件的长度发生改变（伸长或缩短），其理想力学模型如图 4-1 （a）、（b）所示。在工程构件中，拉伸或压缩变形也是很常见的，如图 4-1 （c）所示桁架式屋架，在结点荷载作用下，其上、下弦杆及腹杆均产生拉伸或压缩变形；如图 4-1 （d）所示三角支架 ABC 的 AB 杆产生拉伸变形，BC 杆产生压缩变形。

**2. 剪切**

即在一对大小相等、方向相反、相距很近的横向外力作用下，杆的两力作用线之间的横截面沿力的方向发生相对错动，如图 4-2 （a）所示。工程构件中的连接件，如螺栓、铆钉、销钉、键等，往往有剪切变形产生，如图 4-2 （b）、（c）所示。

**3. 扭转**

即在一对大小相等、转向相反、位于垂直于轴线的两平面的力偶作用下，杆的两相邻

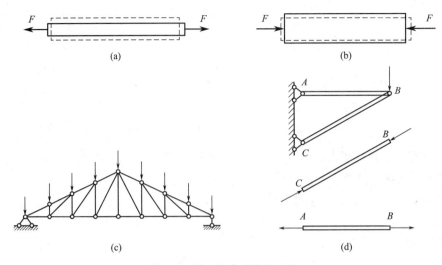

图 4-1　轴向拉伸或轴向压缩

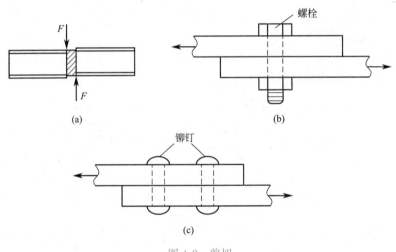

图 4-2　剪切

横截面绕轴线产生相对转动，如图 4-3（a）所示。在日常生活和工程中，以扭转变形为主的杆件比较常见，如钥匙、汽车转向轴、螺丝刀、钻头、皮带传动轴或齿轮传动轴等。图 4-3（b）所示为门洞上方的雨篷构造示意图，图 4-3（c）为雨篷梁计算简图。可见，雨篷的重力及其上的荷载将引起雨篷梁产生扭转变形。

4. 弯曲

即在一对大小相等、转向相反、位于杆的纵向平面内的力偶作用下，杆的两相邻横截面绕垂直于杆轴线的直线产生相对转动，截面间的夹角发生改变，如图 4-4（a）所示。弯曲变形是工程构件最常见、最重要的一种基本变形形式，如房屋建筑中的楼板梁要承受楼板传来的荷载（图 4-4b）、火车轮轴要承受车厢荷载（图 4-4c）、水槽壁要承受水压力（图 4-4d），这些荷载的方向都与构件的轴线相垂直，称为横向荷载。凡是以弯曲变形为主要变形的杆件称为梁。

工程中常用的梁其横截面多采用对称形状，如矩形、工字形、T 形等，这类梁至少具

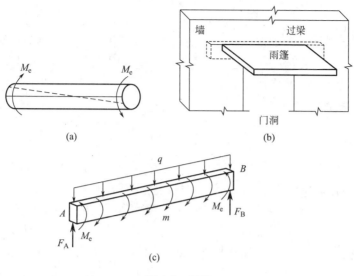

图 4-3　扭转

有一个包含轴线的纵向对称面，而荷载一般是作用在梁的同一个纵向对称面内（图 4-4e），在这种情况下，梁发生弯曲变形的特点是：梁变形后轴线仍位于同一平面内，即梁变形后轴线为一条平面曲线，这类弯曲称为对称弯曲。对称弯曲是弯曲变形的一种特殊形式，也是实际工程中最常见的。只要没有特别说明，本教材第 4 章、第 6 章、第 8 章中的弯曲变形，均指对称弯曲。

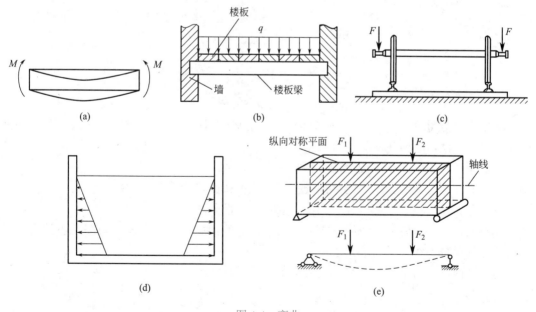

图 4-4　弯曲

　　工程实际中的杆件可能同时承受不同形式的外力，变形情况可能比较复杂。但不论怎样复杂，其变形均是由基本变形组成的。

### 4.1.2 内力的概念

在外力（或其他因素，如温度改变、支座沉陷等）作用下，杆件发生变形（或有变形的趋势），各质点间的相互作用力也发生了改变。这种因外力作用而引起的上述相互作用力的改变量，称为内力，它实际上是外力引起的"附加内力"。因此，内力也可以视为杆件内部阻止变形发展的抗力。

### 4.1.3 截面法求内力

杆件在外力作用下若保持平衡，则从其上截取的任意部分也保持平衡。前者称为整体平衡；后者称为局部平衡。局部可以是用一截面将杆截开的两部分中的任一部分，也可以

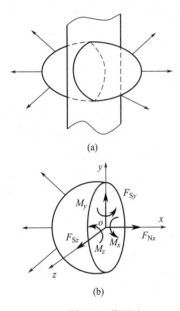

图 4-5 截面法

是无限接近的两个截面所截出的一微段，还可以是围绕某一点截取的微元等等。这种整体平衡与局部平衡的关系，不仅适用于杆件，还适用于所有弹性体，因而称为弹性体平衡原理。弹性体任一截面上内力值的确定，通常采用下述的截面法。图 4-5（a）所示杆件代表任一受力弹性体。为了显示和计算某一截面（通常是横截面）上的内力，可在该截面处用一假想的平面将杆件截成两部分并弃掉一部分，并用内力代替弃掉部分对留下部分的作用。根据连续、均匀性假设，内力在截面上一般也是连续分布的并称为分布内力。将截面上的分布内力向截面形心处简化，得到主矢和主矩，然后进行分解，可用六个内力分量 $F_{Nr}$、$F_{Sy}$、$F_{Sz}$ 与 $M_x$、$M_y$、$M_z$ 来表示（图 4-5b）。根据弹性体的平衡原理，留下部分保持平衡。由空间力系的平衡方程：

$$\begin{cases} \sum F_x = 0 \\ \sum F_y = 0 \\ \sum F_z = 0 \end{cases} \qquad \begin{cases} \sum M_x = 0 \\ \sum M_y = 0 \\ \sum M_z = 0 \end{cases}$$

便可求出内力分量 $F_{Nr}$、$F_{Sy}$、$F_{Sz}$ 与 $M_x$、$M_y$、$M_z$。应该注意，今后所谈内力分量都是分布内力向截面形心简化的结果。

综上所述，用截面法求内力的步骤是：

（1）截开——在待求内力的截面处，用假想的截面将构件截为两部分。

（2）分离——留下一部分为分离体，弃去另一部分。

（3）代替——以内力代替弃去部分对留下部分的作用，绘分离体受力图（包括作用于分离体上的荷载、约束反力、待求内力）。

（4）平衡——由平衡方程来确定内力值。

### 4.1.4 内力的分类

在图 4-5（b）所示的六种内力分量中，不同的内力使杆件产生不同的变形。通常将它们分为以下四类：

轴向内力 $F_N$——通过横截面形心，且与横截面正交内力，简称轴力。轴向内力使杆

件产生轴向变形。

剪力 $F_{Sy}$、$F_{Sz}$——与横截面相切的内力。剪力使杆件产生剪切变形。

扭矩 $M_T$——力偶矩矢垂直于横截面，与杆轴重合。扭矩使杆件产生扭转变形。

弯矩 $M_y$、$M_z$——力偶矩矢与截面相切，与杆轴正交。弯矩使杆件产生弯曲变形。

截面上的内力并不一定都同时存在上述六个分量，可能只存在其中的一个或几个。

# 4.2　轴力图和扭矩图

## 4.2.1　轴力图

### 1. 轴力的正负符号约定

为了研究方便，工程上习惯约定：当轴力使分离体微段产生拉伸变形时为正；反之，轴力使分离体微段产生压缩变形时为负。图 4-6 所示为 $F_N$ 的正方向。

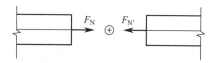

图 4-6　轴力的正负符号约定

### 2. 轴力图

在多个外力作用时，由于各段杆轴力的大小及正负号各异，为了形象地表明各截面的轴力的变化情况，通常将其绘成轴力图。表示轴力沿杆件轴线方向变化的图形，称为轴力图。作法是：沿杆轴线方向取横坐标，表示截面位置，以垂直于杆轴线方向为纵坐标，其值代表对应截面的轴力值，绘制各截面的轴力变化曲线。拉力、压力各绘在基线的一侧，图中在拉力区标注⊕，压力区标注⊖，并标注各控制截面处 $|F_N|$ 及单位。

**【例 4-1】** 一杆受外力作用如图 4-7（a）所示，试绘制该杆的轴力图。

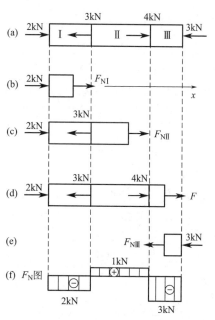

图 4-7　例 4-1 图

**解：** 根据荷载情况，全杆应分为Ⅰ、Ⅱ、Ⅲ三段。

（1）在第Ⅰ段任意横截面处截开，取该截面以左的杆段为分离体，如图 4-7（b）所示，以杆轴为 $x$ 轴，由平衡条件

$$\sum F_x=0,\ 2\text{kN}+F_{N\text{I}}=0$$

得

$$F_{N\text{I}}=-2\text{kN}（压）$$

从上式中内力的负号表明 $F_{N\text{I}}$ 的方向与所设的相反，即为压力。同时，按轴力的符号约定，该截面的轴力应取负号。所以，应用截面法求杆件的内力（也可为剪力、扭矩或弯矩）时，分离体上的待求内力均按其约定的正方向假设，由平衡条件计算出的结果（含正负号），可直接用于绘制内力图及后续章节的应力计算和变形计算。

（2）取分离体如图 4-7（c）所示，由平衡条件

$$\sum F_x = 0, \quad 2\text{kN} - 3\text{kN} + F_{N\text{II}} = 0$$

得

$$F_{N\text{II}} = 1\text{kN}$$

（3）取分离体如图 4-7（d）所示，由平衡条件

$$\sum F_x = 0, \quad 2\text{kN} - 3\text{kN} + 4\text{kN} + F_{N\text{III}} = 0$$

得

$$F_{N\text{III}} = -3\text{kN}$$

由图 4-7（d）可见，在求第Ⅲ段杆的轴力时，若取左段为分离体，其上的作用力较多，计算较麻烦，而取右段为分离体如图 4-7（e）时，则受力情况简单，立可判定

$$F_{N\text{III}} = -3\text{kN}$$

当全杆的轴力都求出后，即可根据各截面上 $F_N$ 的大小及正负号绘出轴力图，如图 4-7（f）所示。

通过对第三段杆的轴力计算，可以得出如下结论：任一横截面的轴力，等于该截面一侧的杆段上所有外力在该截面轴线方向投影的代数和。利用这一结论，不必绘出分离体的受力图即可直接求出任一截面的轴力，因而称为直接法。

## 4.2.2 扭矩图

### 1. 外力偶矩的计算

作用在扭转杆件上的外力偶矩 $M_e$，可以由外力向杆的轴线简化而得。但是对于传递功率的轴，通常都不是直接给出力或力偶矩，而是给定功率用 $P$ 表示和转速用 $n$ 表示。

$$\{M_e\}_{\text{kN·m}} = 9.55 \frac{\{P\}_{\text{kW}}}{\{n\}_{\text{r/min}}} \tag{4-1}$$

### 2. 扭矩与扭矩图

扭矩是扭转变形杆的内力，它是杆横截面上的分布内力，向截面形心简化后的内力主矩沿过形心的法向分量，用 $M_T$ 表示。

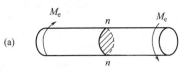

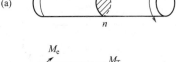

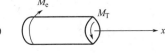

确定扭矩的方法仍用截面法。例如求图 4-8（a）所示圆截面杆 $n$-$n$ 截面上的内力，可用假想平面将杆截开，任取其中之一为分离体，例如取左侧为分离体（图 4-8（b））。由左段的平衡条件 $\sum M_x = 0$ 得

$$M_T = M_e$$

$M_T$ 即为 $n$-$n$ 截面上的扭矩。

同样，以右段（图 4-8c）为分离体也可求得该截面的扭矩。为了使由左、右分离体求得的同一截面上扭矩的正负号一致，对扭矩的正负号作如下约定：采用右手螺旋法则，以右手四指弯曲方向表示扭矩的转向，拇指指向截面外法线方向时，扭矩为正；反之，拇指指向截面时为负。

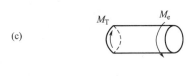

图 4-8 扭矩与扭矩图

当杆件上作用有多个外力偶时，杆件不同段横截面上的扭矩也各不相同，这时需用截面法确定各段横截面上的扭矩。

扭矩沿杆轴线方向变化的图形，称为扭矩图。绘制扭矩图的方法与绘制轴力图的方法相似。沿杆轴线方向取横坐标，表示截面位置，其垂直杆轴线方向的坐标代表相应截面的扭矩，正、负扭矩分别画在基线两侧，并标注⊕、⊖号及控制截面处$|M_T|$和单位，图 4-8（d）所示。

**【例 4-2】** 试画图 4-9（a）中杆的扭矩图。

解：画此杆的扭矩图需分三段。取 1-1 截面左侧分离体，其受力图如图 4-9（b）所示，由平衡方程$\sum M_x=0$，得

$$M_{T1}=2M_e$$

取 2-2 截面左侧分离体，其受力图如图 4-9（c）所示，由平衡方程$\sum M_x=0$，得

$$M_{T2}=2M_e-3M_e=-M_e$$

取 3-3 截面右侧分离体，其受力图如图 4-9（d）所示，由平衡方程$\sum M_x=0$，得

$$M_{T3}=3M_e$$

杆件的扭矩图如图 4-9（e）所示。

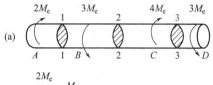
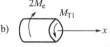

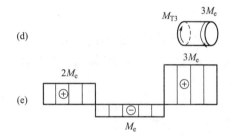

图 4-9　杆件扭矩图

## 4.3　梁的剪力图和弯矩图

### 4.3.1　梁的内力

研究梁的内力仍采用截面法。图 4-10（a）为一简支梁受力后处于平衡状态，现讨论距支座 A 为 a 处的截面 m-m 上的内力。用一假想的垂直于梁轴线的平面将梁截为两段，取左段（或右段）为分离体，如图 4-10（b）、（c）所示。在分离体上除作用有反力 $F_A$ 外，在截开的横截面上还有右段梁对左段梁的作用，此作用就是梁截开面上的内力。梁原来是平衡的，截开后的每段梁也应该是平衡的。根据$\sum F_y=0$可知，在 m-m 截面上应该有向下的力 $F_S$ 与 $F_A$ 相平衡。而力 $F_A$ 对 m-m 截面的形心 C 点又存在着顺时针转的力矩 $F_A a$，根据$\sum M_C(\boldsymbol{F})=0$，则 m-m 截面上还必定有一逆时针转向的力偶 M 与 $F_A a$ 相平衡。力 $F_S$ 称为 m-m 截面上的剪力，力偶 M 称为 m-m 截面上的弯矩。剪力 $F_S$ 的量纲为［力］，常用单位为 N 或 kN；弯矩 M 的量纲为［力］·［长度］，常用单位为 N·mm 或 kN·m。m-m 截面上的剪力和弯矩可由左段的平衡条件求得，即

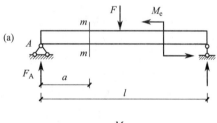
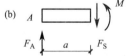
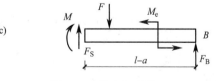

图 4-10　剪力与弯矩

$$\sum F_y=0,\ F_A-F_S=0,\ F_S=F_A$$

$$\sum M_C(\boldsymbol{F})=0,\ M-F_A a=0,\ M=F_A a$$

（式中，矩心 $C$ 为 $m$-$m$ 截面的形心）。$m$-$m$ 截面上的内力也可取右段梁为分离体求得。

与轴力、扭矩相类似，剪力和弯矩也有专属的正负号规定：

（1）剪力的正负号约定　当截面上的剪力使截开的微段绕其内部任意点有顺时针方向转动趋势时为正（图 4-11a），反之为负（图 4-11b）。

（2）弯矩的正负号约定　当截面上的弯矩使截开微段向下凸时（即下边受拉，上边受压）的弯矩为正（图 4-12a），反之为负（图 4-12b）。

图 4-11　剪力的正负号　　　　　　　　图 4-12　弯矩的正负号

截面法计算某截面的剪力 $F_S$、弯矩 $M$ 时，仍按正方向假设。下面举例说明梁中指定截面上剪力和弯矩的计算方法和步骤。

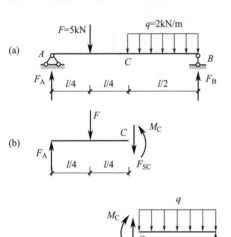

图 4-13　例 4-3 图

【例 4-3】图 4-13（a）所示简支梁受一个集中力和局部均布荷载 $q$ 作用。求跨中 $C$ 截面的剪力 $F_{SC}$ 和弯矩 $M_C$。$l=4\text{m}$。

解：（1）求支座反力。考虑梁的整体平衡

$$\sum M_A(\boldsymbol{F})=0,\ F_B \cdot l - q \cdot \frac{l}{2} \cdot \frac{3l}{4} - F \cdot \frac{l}{4}=0$$

$$F_B = \frac{3}{8}ql + \frac{F}{4} = 4.25\text{kN}$$

$$\sum F_y=0,\ F_A + F_B - F - \frac{ql}{2}=0$$

$$F_A = F + \frac{ql}{2} - F_B = 4.75\text{kN}$$

（2）求截面 $C$ 的剪力 $F_{SC}$ 与弯矩 $M_C$。取截面 $C$ 左侧梁段为分离体，如图 4-13（b）所示。考虑分离体平衡

$$\sum F_y=0,\ F_A - F - F_{SC}=0$$

$F_{SC}=F_A - F=-0.25\text{kN}$（负号说明与假设的方向相反）。

$$\sum M_C(\boldsymbol{F})=0,$$

$$M_C + F \cdot \frac{l}{4} - F_A \cdot \frac{l}{2}=0$$

$$M_C = F_A \cdot \frac{l}{2} - \frac{Fl}{4} = 4.5\text{kN} \cdot \text{m}$$

或者，取截面 $C$ 右侧梁段为分离体，如图 4-13（c）所示。考虑分离体平衡

$$\sum F_y=0,\ F_{SC} - q \cdot \frac{l}{2} + F_B=0$$

$$F_{SC} = \frac{ql}{2} - F_B = -0.25\text{kN}$$

$$\sum M_C(\boldsymbol{F}) = 0, \quad -M_C - q \cdot \frac{l}{2} \cdot \frac{l}{4} + F_B \cdot \frac{l}{2} = 0$$

$$M_C = F_B \cdot \frac{l}{2} - \frac{ql^2}{8} = 4.5\text{kN} \cdot \text{m}$$

通过上例分析，求梁指定截面上的内力的方法归纳为两条结论。

剪力：梁任一横截面上的剪力的大小在数值上等于该截面一侧梁段上所有外力在平行于截面方向投影分量的代数和。

弯矩：梁任一横截面上的弯矩的大小在数值上等于该截面一侧梁段上所有外力对该截面形心处力矩的代数和。

利用上述结论，可以不画分离体的受力图、不列平衡方程，直接写出横截面的剪力和弯矩。这种方法称为直接法。

### 4.3.2　梁的内力方程和内力图

在一般情况下，梁的不同截面上的内力是不同的，即剪力和弯矩是随横截面位置的改变而发生变化。描述梁的剪力和弯矩沿长度方向变化的代数方程，分别称为剪力方程和弯矩方程。

为了建立剪力方程和弯矩方程，必须首先确定剪力方程和弯矩方程的分段数，其分段原则是：确保每段方程的函数图像连续、光滑。其次，在梁轴上选定各段的 $x$ 坐标原点及正向。然后，用截面法写出各段任意截面上的剪力 $F_S(x)$、$M(x)$ 表达式，并标注 $x$ 的区间。

为了便于形象地看到内力的变化规律，通常是将剪力、弯矩沿梁长的变化情况用图形来表示，这种表示剪力和弯矩变化规律的图形分别称为剪力图和弯矩图。

剪力图、弯矩图都是函数图形，其横坐标表示梁的截面位置，纵坐标表示相应截面的剪力值、弯矩值。值得注意的是：土建类行业，将弯矩图绘在梁受拉的一侧。考虑到剪力、弯矩的正负符号规定，默认剪力图、弯矩图的坐标系如图 4-14 所示。

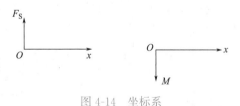

图 4-14　坐标系

下面通过几个例题说明剪力方程、弯矩方程的建立和剪力图、弯矩图的绘制方法。

【例 4-4】图 4-15（a）所示悬臂梁，在自由端作用荷载 $F$，试画此梁的剪力图和弯矩图。

解：（1）建立剪力方程、弯矩方程。取距左端为 $x$ 的任一横截面 $m$-$m$，按上节求指定截面内力的方法，列出 $m$-$m$ 截面上的剪力和弯矩表达式分别为

$$F_S(x) = -F \quad (0 < x < l)$$
$$M(x) = -Fx \quad (0 \leqslant x \leqslant l)$$

（2）绘剪力图和弯矩图

① 作平行于梁轴线的基线；

② 计算控制截面的剪力值和弯矩值；

当 $x=0$ 时，$F_S(0)=-F$，$M(0)=0$

当 $x=l$ 时，$F_S(l)=-F$，$M(l)=-Fl$

③ 根据剪力方程、弯矩方程及控制截面上的内力值绘剪力图和弯矩图，如图 4-15 (b)、(c) 所示。

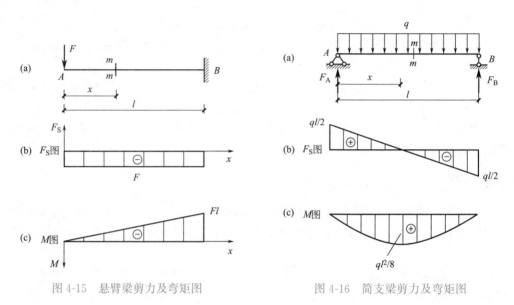

图 4-15　悬臂梁剪力及弯矩图　　　　　图 4-16　简支梁剪力及弯矩图

【例 4-5】承受均布荷载的简支梁如图 4-16（a）所示，试画此梁的剪力图和弯矩图。

解：（1）求支座反力。

$$F_A=F_B=\frac{1}{2}ql$$

（2）建立剪力方程和弯矩方程。取距左端为 $x$ 的任一横截面 $m\text{-}m$，此截面的剪力和弯矩表达式分别为：

$$F_S(x)=F_A-qx=q\left(\frac{l}{2}-x\right) \qquad (0<x<l)$$

$$M(x)=F_Ax-qx\cdot\frac{x}{2}=\frac{q}{2}x(l-x) \qquad (0\leqslant x\leqslant l)$$

（3）绘剪力图和弯矩图。

剪力表达式是 $x$ 的一次函数，只要确定直线上的两个点，便可画出此直线。

当 $x=0$ 时，$\qquad\qquad\qquad\qquad F_S(0)=\dfrac{ql}{2}$

当 $x=l$ 时，$\qquad\qquad\qquad\qquad F_S(l)=-\dfrac{ql}{2}$

画出剪力图如图 4-16（b）所示。

弯矩方程是 $x$ 的二次函数，即弯矩图是一条二次抛物线，至少需要三个点才可画出弯矩图的大致图形。

当 $x=0$ 时，$\qquad\qquad\qquad\qquad M(0)=0$

当 $x=\dfrac{l}{2}$ 时，$\qquad\qquad\qquad M\left(\dfrac{l}{2}\right)=\dfrac{1}{8}ql^2$

当 $x=l$ 时，$\qquad\qquad\qquad M(l)=0$

根据这三点画出弯矩图如图 4-21（c）所示。从剪力图、弯矩图中看出，梁两端的剪力值最大（绝对值），其值为 $ql/2$，跨中央弯矩最大，其值为 $ql^2/8$。

【例 4-6】图 4-17（a）所示简支梁 $AB$，在截面 $C$ 处作用一集中力 $F$，试画此梁的剪力图和弯矩图。

解：（1）求支座反力。

$$\sum M_{\mathrm{B}}(\boldsymbol{F})=0,\ -F_{\mathrm{A}}\cdot l+F\cdot b=0,\ F_{\mathrm{A}}=\dfrac{b}{l}F$$

$$\sum M_{\mathrm{A}}(\boldsymbol{F})=0,\ -F\cdot a+F_{\mathrm{B}}\cdot l=0,\ F_{\mathrm{B}}=\dfrac{a}{l}F$$

（2）建立剪力方程、弯矩方程。在截面 $C$ 处有集中力作用，梁的内力在全梁范围内不能用一个统一的函数式来表达，必须以 $F$ 的作用截面 $C$ 为界，分段来列内力表达式，因此需分段画出内力图。

$AC$ 段：$\qquad F_{\mathrm{S}}(x_1)=F_{\mathrm{A}}=\dfrac{b}{l}F\quad(0<x_1<a)$

$$M(x_1)=F_{\mathrm{A}}\cdot x_1=\dfrac{b}{l}Fx_1\quad(0\leqslant x_1\leqslant a)$$

$CB$ 段：$\qquad F_{\mathrm{S}}(x_2)=-F_{\mathrm{B}}=-\dfrac{a}{l}F\quad(a<x_2<l)$

$$M(x_2)=F_{\mathrm{B}}(l-x_2)=\dfrac{a}{l}F(l-x_2)\quad(a\leqslant x_2\leqslant l)$$

（3）绘剪力图和弯矩图。先计算控制截面的内力值

当 $x_1=0$ 时，$\qquad F_{\mathrm{S}}(0)=\dfrac{b}{l}F,\ M(0)=0$

当 $x_1\to a$（$C$ 左侧）时，$\quad F_{\mathrm{S}}(a)=\dfrac{b}{l}F,\ M(a)=\dfrac{ab}{l}F$

当 $x_2\to a$（$C$ 右侧）时，$\quad F_{\mathrm{S}}(a)=-\dfrac{a}{l}F,\ M(a)=\dfrac{ab}{l}F$

当 $x_2=l$ 时，$\qquad F_{\mathrm{S}}(l)=-\dfrac{a}{l}F,\ M(l)=0$

根据这些特殊截面的剪力值、弯矩值画出剪力图和弯矩图如图 4-17（b）、（c）所示。

结论：在集中力的作用截面处剪力图发生突变，突变值等于该集中力的大小，弯矩图虽然连续，但不光滑。

【例 4-7】图 4-18（a）所示简支梁承受力偶 $M_{\mathrm{e}}$ 作用，试画此梁的剪力图和弯矩图。

解：在截面 $C$ 处有力偶作用，梁的内力须以截面 $C$ 为界，分段列出内力表达式，分段画出内力图。具体计算过程在此不再赘述，请读者自行思考，其内力图如图 4-18（b）、（c）所示。

结论：在集中力偶作用截面处弯矩图发生突变，实变值等于该力偶的力偶矩。

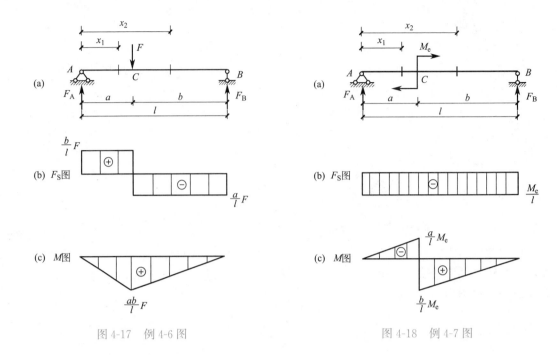

图 4-17　例 4-6 图　　　　　　　　　　　　　　　图 4-18　例 4-7 图

## 4.4　弯矩、剪力与荷载集度之间的微分关系

### 4.4.1　弯矩、剪力与荷载集度之间的微分关系

考察仅在 $Oxy$ 平面有外力的情形，如图 4-19 所示，假设分布荷载 $q(x)$ 以向上为正。

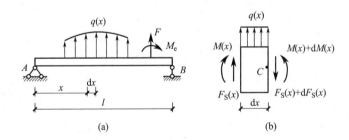

图 4-19　弯矩、剪力与荷载集度之间的微分关系推导

用坐标为 $x$ 和 $x+\mathrm{d}x$ 的两个相邻横截面从受力的梁上截取长度为 $\mathrm{d}x$ 的微段（图 4-19b），微段的两侧横截面上的剪力和弯矩分别为

$x$ 横截面　　　　　　$F_S(x)$，$M(x)$

$x+\mathrm{d}x$ 横截面　　　　　$F_S(x)+\mathrm{d}F_S(x)$，$M(x)+\mathrm{d}M(x)$

由于 $\mathrm{d}x$ 为无穷小距离，因此微段梁上的分布荷载可以看成是均匀分布的。

考察微段的平衡，由平衡方程

$$\sum F_y=0,\ F_S(x)+q(x)\mathrm{d}x-[F_S(x)+\mathrm{d}F_S(x)]=0$$

$$\sum M_{C}(F)=0,\ -M(x)-F_{S}(x)\mathrm{d}x-q(x)\mathrm{d}x(\frac{\mathrm{d}x}{2})+[M(x)+\mathrm{d}M(x)]=0$$

略去二阶微量经整理得

$$\frac{\mathrm{d}F_{S}(x)}{\mathrm{d}x}=q(x) \tag{4-2}$$

$$\frac{\mathrm{d}M(x)}{\mathrm{d}x}=F_{S}(x) \tag{4-3}$$

$$\frac{\mathrm{d}^{2}M(x)}{\mathrm{d}x^{2}}=q(x) \tag{4-4}$$

即弯矩方程对 $x$ 的一阶导数在某截面的取值等于相应截面上的剪力。剪力方程对 $x$ 的一阶导数在某截面的取值等于相应截面位置分布荷载的集度。

以上三个方程即为梁上弯矩、剪力与荷载集度之间的微分关系。

一阶导数的几何意义是代表曲线的切线斜率，所以 $\dfrac{\mathrm{d}F_{S}(x)}{\mathrm{d}x}$ 与 $\dfrac{\mathrm{d}M(x)}{\mathrm{d}x}$ 分别代表剪力图与弯矩图的切线斜率。$\dfrac{\mathrm{d}F_{S}(x)}{\mathrm{d}x}=q(x)$ 表明：剪力图中曲线上各点的切线斜率等于梁上各相应位置分布荷载的集度。$\dfrac{\mathrm{d}M(x)}{\mathrm{d}x}=F_{S}(x)$ 表明：弯矩图中曲线上各点的切线斜率等于各相应截面上的剪力。此外，二阶导数的正、负可以来判定曲线的凹凸。

根据上述微分关系及其几何意义，内力图的一些规律见表 4-1。

几种常见荷载作用下梁段的剪力图与弯矩图的特征表　　　　　　　表 4-1

| 梁上外力情况 | 剪力图特征 | 弯矩图特征 |
|---|---|---|
| 无外力段 | 水平线 $\dfrac{\mathrm{d}F_{S}(x)}{\mathrm{d}x}=q(x)=0$ | 斜直线 $\dfrac{\mathrm{d}M(x)}{\mathrm{d}x}=F_{S}(x)=$ 常数 $F_{S}(x)=0$ 时，为水平线 |
| $q(x)=$ 常数 向下的均布荷载 | 斜向下的直线 $\dfrac{\mathrm{d}F_{S}(x)}{\mathrm{d}x}=q(x)<0$ | 凸向朝下的二次曲线 $\dfrac{\mathrm{d}^{2}M(x)}{\mathrm{d}x^{2}}=q(x)<0$ $F_{S}(x)=0$ 处取极值 |
| $q(x)=$ 常数 向上的均布荷载 | 斜向上的直线 $\dfrac{\mathrm{d}F_{S}(x)}{\mathrm{d}x}=q(x)>0$ | 凸向朝上的二次曲线 $\dfrac{\mathrm{d}^{2}M(x)}{\mathrm{d}x^{2}}=q(x)>0$ $F_{S}(x)=0$ 处取极值 |
| $F$ 集中力 | $F$ 作用处发生突变，突变量等于 $F$ 值 | $F$ 作用处连续但不光滑（尖点） |
| $M_{e}$ 集中力偶 | $M_{e}$ 作用处无变化 | $M_{e}$ 作用处发生突变，突变值等于 $M_{e}$ |

### 4.4.2　利用弯矩、剪力与荷载集度之间的微分关系画剪力图、弯矩图

利用弯矩、剪力与荷载集度之间的微分关系，根据梁上的外力情况，就可知道各段剪力图和弯矩图的形状。只要确定梁的控制截面的剪力值和弯矩图，就可画出梁的剪力图和弯矩图。

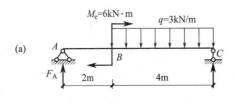

(a)

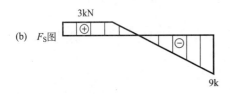

(b) $F_S$图

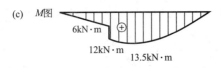

(c) $M$图

图 4-20　例 4-8 图

【例 4-8】一简支梁，尺寸及梁上荷载如图 4-20（a）所示。试画此梁的剪力图和弯矩图。

解：由平衡条件求得支座反力为
$$F_A = 3kN \quad F_C = 9kN$$

（1）剪力图

$AB$ 段为无外力区段，剪力图为水平直线，且
$$F_S = F_A = 3kN$$

$BC$ 段为均布荷载段，剪力图为斜直线，且
$$F_{SB} = 3kN \quad F_{SC}^L = -9kN$$

画出剪力图如图 4-20（b）所示。

（2）弯矩图

$AB$ 段为无外力区段，弯矩图为斜直线。且
$$M_A = 0, \quad M_B^L = F_A \times 2m = 6kN \cdot m$$

$BC$ 段为均布荷载区段，弯矩图为凸向朝下的二次抛物线，且
$$M_B^R = 12kN \cdot m, \quad M_C = 0$$

根据剪力图，在距右端的距离为 $a$ 的截面弯矩有极值，即
$$F_S = -F_C + qa = 0$$
$$a = \frac{F_C}{q} = 3m$$
$$M_{max} = F_C a - \frac{1}{2}qa^2 = 13.5kN \cdot m$$

由三个控制截面的弯矩值画弯矩图如图 4-20（c）所示。

## 4.5　区段叠加法绘直杆的弯矩图

如图 4-21（a）所示的简支梁，受到 $i$、$j$ 两端的集中力偶 $M_i$ 和 $M_j$，以及全梁上均布荷载 $q$ 的共同作用时，可以采取叠加法作其弯矩图。具体作法为：先将 $M_i$ 和 $M_j$ 作用于简支梁 $ij$ 上，求得一梯形弯矩图（设 $M_i > M_j$），如图 4-21（b）所示；再将均布荷载 $q$ 单独作用在简支梁 $ij$ 上，得弯矩图如图 4-21（c）所示；最后将 $ij$ 梁上两种受荷情况各截面对应的弯矩竖标相加，即可绘出原受荷情况下的弯矩图，如图 4-21（d）所示。

应当注意的是，内力图的叠加是相应截面内力图竖标的叠加。如图 4-21（d）所示跨中的弯矩竖标，等于图 4-21（b）跨中弯矩竖标 $\frac{M_i + M_j}{2}$ 与图 4-21（c）跨中弯矩竖标 $\frac{ql^2}{8}$

之和，这些竖标均垂直于杆轴、而非图 4-21（d）中的虚线。叠加后，跨中截面的弯矩为 $\dfrac{M_i+M_j}{2}+\dfrac{ql^2}{8}$。

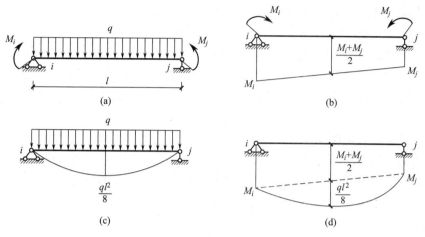

图 4-21　简支梁弯矩叠加

　　上面使用的叠加法，可以推广应用于求结构中任意直杆段的弯矩图。例如要作图 4-22（a）所示的悬臂梁中的 $ij$ 段的弯矩图，可先截取 $ij$ 段隔离体，其受力如图 4-22（b）所示。接下来，作一简支梁，如图 4-22（c）所示，其跨度等于 $ij$ 段隔离体长度，并将 $ij$ 段隔离体上的荷载 $q$ 和端弯矩 $M_i$、$M_j$ 相应作用于此简支梁上。利用平衡条件容易验证，该简支梁的竖向支反力 $F_{iy}^0=F_{Si}$，$F_{jy}^0=F_{Sj}$。由于 $ij$ 段隔离体的轴力 $F_{Ni}$ 和 $F_{Nj}$ 不影响直杆的弯矩图，所以简支梁的弯矩图与 $ij$ 段隔离体的弯矩图相同。于是，$ij$ 段隔离体的弯

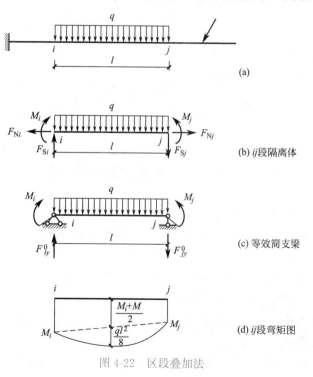

图 4-22　区段叠加法

矩图可以通过前述简支梁弯矩图的叠加法来绘制。

这种将一个直杆段隔离体上的受力通过简支梁等效后，利用叠加法绘制弯矩图的方法，称为**区段叠加法**（也称为**简支梁法**）。区段叠加法的具体作法是：先作出杆段两端截面的弯矩竖标，并将这两个竖标的顶点用虚线相连；接着以此虚线为基线，叠加相应简支梁在荷载作用下的弯矩图。

利用内力图特征和区段叠加法，可求出杆件中各杆段的弯矩，进而得到全杆的内力。在此之前，必须先求出各杆段端部的弯矩（如图 4-22b 中的 $M_i$ 和 $M_j$）。为此，定义杆件中被研究的杆段隔离体的端截面为**内力控制截面**，简称**控制截面**；其上内力称为**控制截面内力**。

选取控制截面时，应保证被其截取出的各杆段的内力，能利用区段叠加法和单跨静定梁在单一荷载作用下的内力图（图 4-21 和图 4-22）迅速求出。因而，控制截面常常选在均布荷载作用的始末点、集中荷载或集中力偶作用点、中间支座等处。

综上所述，绘制任一梁杆内力图的步骤如下：

（1）求支反力；

（2）将梁杆按控制截面分段，运用截面法求得各个控制截面的内力；

（3）根据各控制截面弯矩值，并利用内力图特征和区段叠加法，逐段绘制弯矩图；

（4）根据各控制截面剪力值，并利用内力图特征，逐段绘制剪力图；

（5）根据各控制截面轴力值，逐段绘制轴力图。

简支梁法通常是在受弯杆段两端的弯矩已知而剪力未知的情况下使用的一种叠加法。推而广之，当受弯杆段一端的弯矩和剪力已知而另一端的内力未知时，可将此段视作悬臂梁来应用叠加法，其中内力未知端看作固定端，弯剪已知端看作自由端，这样也可便捷地确定该段的内力图，这种方法相应地称为**悬臂梁法**。

**【例 4-9】**试绘图 4-23 所示伸臂梁的弯矩图和剪力图。

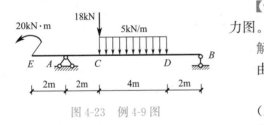

图 4-23　例 4-9 图

解：（1）求支反力

由梁的整体平衡条件，可求得支座反力

$$F_{Ax}=0,\ F_{Ay}=26kN,\ F_{By}=12kN$$

（2）作弯矩图

选取 $C$、$D$ 两截面作为控制截面。由 $EC$ 隔离体平衡条件，可求得 $M_C=32kN\cdot m$；由 $DB$ 隔离体平衡条件，可求得 $M_D=24kN\cdot m$，将所得控制截面弯矩竖标绘在梁的受拉侧。

接下来从左至右绘制弯矩图：

① $EA$ 段无荷载，弯矩图为平直线，而 $E$ 端弯矩就等于集中力偶 20kN·m，该力偶使 $EA$ 段上侧受拉。由此从 $E$ 点作基线上侧弯矩竖标 20，并引平直线至 $A$ 点上，可得 $M_A=-20kN\cdot m$。像这类一端自由而另一端通过刚结（这里是 $A$）连于结构的伸臂段，可被当作悬臂梁更容易快速绘制其弯矩图。

② $AC$ 段亦为无荷载段，并已知 $M_A=-20kN\cdot m$ 和 $M_C=32kN\cdot m$，用直线连接这两弯矩竖标的顶点即可。

③ $CD$ 段由于有整段的均布荷载作用，使用区段叠加法，先用虚线连接 $C$、$D$ 两处弯

矩竖标，再叠加上简支梁在均布荷载作用下的二次抛物线弯矩图。

④ DB 段 B 端为铰支座，且没有受集中力偶作用，所以弯矩为零，而 DB 段为无荷载段，只需用直线直接连接 D 点和 B 点的弯矩竖标顶点即可。因为 B 支座的竖向反力 12kN 求出后，DB 段 B 端受力情况完全已知，而 D 端内力则完全未知，因此这一段也可使用悬臂梁法，即将 DB 段看作 D 端固定 B 端自由的悬臂梁，则容易得到图 4-24 所示的该段弯矩图。

另需注意，C 截面左右的弯矩图应形成一向下指的尖角，而 D 截面左右的弯矩图则应相切。

弯矩图绘制完后，标注图名和单位，最终弯矩图如图 4-24 所示。

（3）作剪力图

选取 C 左和 C 右截面为控制截面。由 EC 隔离体投影平衡条件，可求得 $F_{SC左}=$ 26kN，$F_{SC右}=8kN$。取 C 左截面时，EC 隔离体上无作用在 C 点的 18kN 的集中力；而取 C 右截面，则包含此力。

接下来从左至右绘制剪力图：

① EA 段弯矩图为平直线，因此剪力应为 0。

② AC 段在 A 点受竖直向上的支反力 $F_{Ay}=26kN$ 作用，可视作集中力作用于 A 点，因此剪力应由 0 向上突变至 26kN，为正剪力。另外，AC 段上无荷载，所以剪力图为平直线，由此可得 $F_{SC左}=26kN$，这与刚才 C 左控制截面的计算结果一致。由于 C 处作用有竖直向下的集中荷载 18kN，所以剪力从 C 左到 C 右截面应向下突变 18kN，由 26kN 变为 8kN，即 $F_{SC右}=8kN$，这亦与 C 右控制截面的计算结果一致。

③ CD 段受竖直向下均布荷载 5kN/m 的作用，剪力图应为"下坡"直线，下坡总量为 5kN/m×4m= 20kN，即从 C 右截面 $F_{SC右}=8kN$ 降至 D 截面 $F_{SD}=$ −12kN。

④ DB 段无荷载，直接由 $F_{SD}=-12kN$ 引平直线至 B 截面即可得到 $F_{SB}=-12kN$。$F_{SB}$ 实际方向为竖直向上，这与 B 处的支反力 $F_{By}$ 完全一致，说明剪力图绘制正确。

剪力图绘完后，标注符号、图名和单位，最终剪力图如图 4-25 所示。

伸臂梁的伸臂段隔离体（如本例中的 EA 隔离体）与和该段等长且受荷相同的一根悬臂梁等效。等效过程类似于推导区段叠加法时，使用简支梁等效 ij 段隔离体的方法。

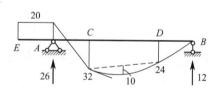

图 4-24　M 图（kN·m）

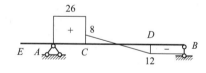

图 4-25　$F_Q$ 图（kN）

# 思考题

4-1　梁的剪力、弯矩与下列哪些因素有关？

（1）荷载的类型、大小及其分布；

（2）支座的类型及布置；

（3）梁的材料；

（4）横截面的形状及尺寸；

（5）所求剪力、弯矩截面的位置；

（6）分离体的取法；

（7）所假设的剪力、弯矩的方向。

4-2　用截面法求梁的内力时，能否将截面恰好取在集中力或集中力偶的作用处？为什么？

4-3　在集中力、集中力偶作用面两侧，剪力、弯矩有何变化？

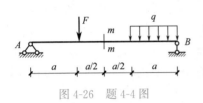

4-4　如图 4-26 所示简支梁，在用截面法计算 $m$-$m$ 截面的剪力、弯矩时，下列说法是否正确？为什么？

（1）若选取左段为分离体，则剪力、弯矩便与荷载集度 $q$ 的大小无关；

（2）若选取右段为分离体，则剪力、弯矩便与集中力 $F$ 的大小无关。

图 4-26　题 4-4 图

4-5　弯矩、剪力和荷载集度之间的微、积分关系的适用条件是什么？如果梁某段内有集中力或者集中力偶，是否仍然适用？

4-6　在弯矩、剪力与荷载集度之间的关系中，如果 $x$ 轴正方向改为从右到左，则微分关系和积分关系有何变化？

# 习题

4-1　试求如图 4-27 所示杆件各段的轴力，并画轴力图。

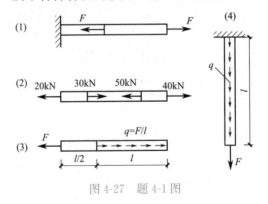

图 4-27　题 4-1 图

4-2　试画图 4-28 中各杆的扭矩。

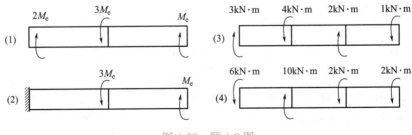

图 4-28　题 4-2 图

4-3　如图 4-29 所示传动轴，转速 $n = 350\text{r/min}$，轮 2 为主动轮，输入功率 $P_2 = 70\text{kW}$，轮 1、3、4 均为从动轮，输出功率分别为 $P_1 = P_3 = 20\text{kW}$，$P_4 = 30\text{kW}$。（1）试画轴的扭矩图；（2）若各轮位置可以互换，试判断怎样布置最合理。

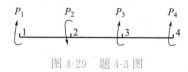

图 4-29　题 4-3 图

4-4　试用截面法求图 4-30 中各梁 1-1、2-2 截面上的剪力和弯矩。

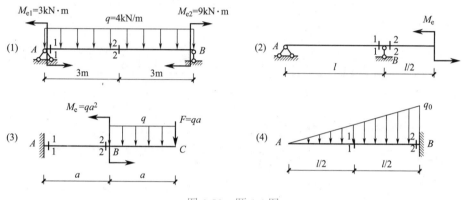

图 4-30　题 4-4 图

4-5　试用截面法求图 4-31 各梁中 1-1、2-2 截面上的剪力和弯矩，并讨论 1-1、2-2 截面上的内力值有何特点，从而得到什么结论（注：1-1、2-2 截面均非常靠近荷载的作用截面）？

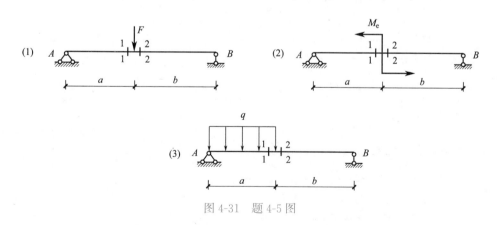

图 4-31　题 4-5 图

4-6　试用直接法求题 4-4 中各梁 1-1、2-2 截面上的剪力和弯矩。

4-7　试列出图 4-32 中梁的剪力方程和弯矩方程，并画出剪力图和弯矩图。

4-8　用微分关系画图 4-33 中各梁的剪力图和弯矩图。

4-9　检查图 4-34 中各梁的剪力图和弯矩图是否正确，若不正确，请改正。

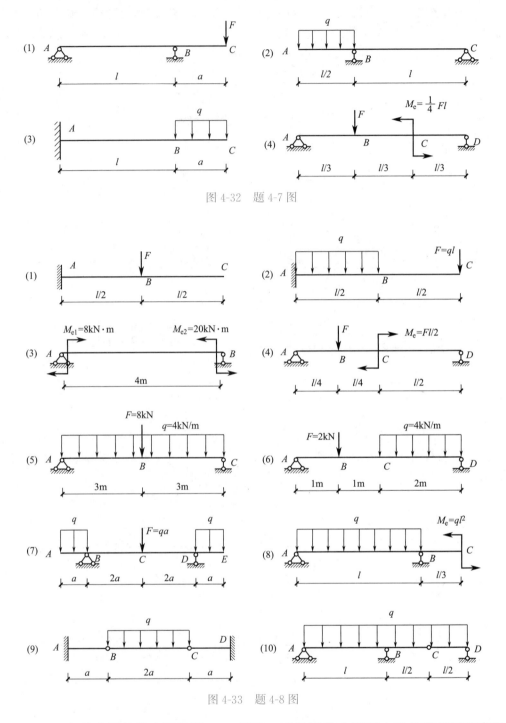

图 4-32 题 4-7 图

图 4-33 题 4-8 图

4-10  已知简支梁的剪力图如图 4-35 所示，试根据剪力图画出梁的荷载图和弯矩图（已知梁上无集中力偶作用）。

4-11  已知简支梁的弯矩图如图 4-36 所示，试根据弯矩图画出梁的剪力图和荷载图（已知梁上无分布力偶作用）。

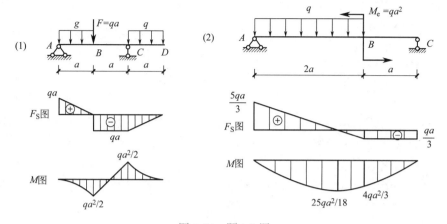

图 4-34　题 4-9 图

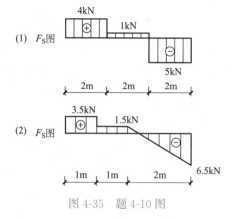

图 4-35　题 4-10 图

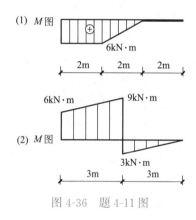

图 4-36　题 4-11 图

# 第5章 静定平面结构的内力分析

- 本章教学的基本要求：掌握多跨静定梁的内力分析方法；掌握静定平面刚架的内力分析方法；掌握静定平面桁架内力分析使用的结点法和截面法；理解寻找静定组合结构内力求解路径的基本原则；了解三铰拱内力求解的方法；理解静定结构的一般特性。
- 本章教学内容的重点：多跨静定梁的内力求解；静定刚架的内力求解；静定平面桁架内力求解的结点法和截面法；梁式杆和二力杆的力学性质。
- 本章教学内容的难点：几何组成性质对寻找静定结构受力分析路径的指导意义；截面法中截面的灵活选取；组合结构中杆件和结点的性质；三铰拱内力分析使用的相当梁法；构造变换特性。
- 本章内容简介：

5.1 多跨静定梁的内力分析
5.2 静定平面刚架的内力分析
5.3 静定平面桁架的内力分析
5.4 静定组合结构的内力分析
5.5 三铰拱的内力分析
5.6 静定结构的一般特性

## 5.1 多跨静定梁的内力分析

### 5.1.1 多跨静定梁的几何组成特点

用铰等中间结点将数根单跨梁相连而形成的静定结构，称为多跨静定梁。多跨静定梁常用在桥梁、屋架檩条、幕墙支撑等结构中。

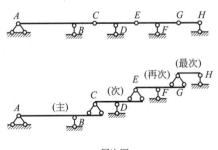

层次图

图 5-1 多跨静定梁基本形式之一

多跨静定梁几何组成的基本形式有三种：

（1）在一根基本单跨静定梁上不断附加二元体而构成。如图 5-1 所示四跨静定梁，是以 ABC 伸臂梁为基础，附加 CE 梁段和支杆 D 组成的二元体、EG 梁段和支杆 F 组成的二元体以及 GH 梁段和支杆 H 组成的二元体后形成。

（2）在数根基本单跨静定梁上附加单跨静定梁，构成基本梁抬附属梁形式的多跨静定梁。如图 5-2 所示四跨静定梁，是在基本单跨梁 AB（悬臂梁）、$CDEF$ 和 $GHI$（均可视作伸臂梁）上，附加简支梁 $BC$ 和 $FG$ 而形成。

（3）按以上两种方式混合形成，如图 5-3 所示。

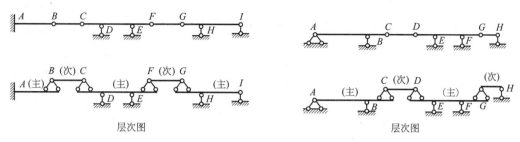

图 5-2　多跨静定梁基本形式之二　　　图 5-3　多跨静定梁混合组成方式

需说明的是，图 5-2 中 $CDEF$ 和 $GHI$ 部分以及图 5-3 中 $DEFG$ 部分，虽单独取出后并不是静定结构，但在水平或可产生水平分量的斜向荷载作用下，通过各段隔离体水平投影平衡条件，可知水平荷载（或荷载水平分量）经由各跨梁的轴向传递（只产生轴力）后，最终由多跨梁的水平支座承受。由于轴力并不影响直杆段的弯矩和剪力，故在考虑竖向荷载时，可将上述三部分视作静定结构。

## 5.1.2　多跨静定梁的受力特点及计算

从多跨静定梁的几何组成特点可知，多跨静定梁是由基本部分（或称主要部分）和附属部分（或称次要部分）组成。基本部分是指从多跨静定梁取出后，为静定或可视作静定结构的部分；而附属部分则在脱离原结构后，因缺少约束无法独立承担荷载。附属部分如要承担竖向荷载，必然需要基本部分的支撑，也就是说竖向荷载作用在附属部分上时，除其自身会产生内力外，还会引起与之相连的基本部分产生内力。而当竖向荷载仅作用在基本部分上时，则由基本部分自身承担此荷载，此时附属部分不会产生内力。根据多跨静定梁的这一受力特点，其内力计算步骤如下：

（1）作层次图；

（2）计算支反力；

（3）逐梁段绘内力图；

（4）绘制全结构内力图，即将第（3）步绘出的各梁段内力图进行拼接；

（5）校核（可利用微分关系、支座结点平衡条件等）。

按照层次关系计算多跨静定梁时，一定要分清多跨静定梁的主次关系，按先"附属"后"基本"（即先次后主）的顺序进行计算。

【例 5-1】试绘图 5-4（a）所示多跨静定梁的内力图。

解：（1）分析层次关系

该梁的几何组成属于基本形式一，最次部分为 $EF$ 段，其次是 $CDE$ 段，基本部分是 $ABC$ 段。按先"附属"后"基本"，应先分析 $EF$ 段，再分析 $CDE$ 段，最后分析 $ABC$ 段。绘制拆散后的分层次受力图如图 5-4（b）所示。

（2）计算支反力

中间铰 $C$ 和 $E$ 被拆开后，铰 $C$ 和 $E$ 处将成对出现、互为作用力与反作用力的剪力与轴力（为零）。可按先次后主的顺序，将它们与各梁段上的支反力一起，由各梁段的平衡条件求出，并绘于层次图上，如图5-4（b）所示。

（3）逐段绘制弯矩图

按照单跨静定梁弯矩图的绘制方法，将各段的弯矩图绘出，如图5-4（c）所示。

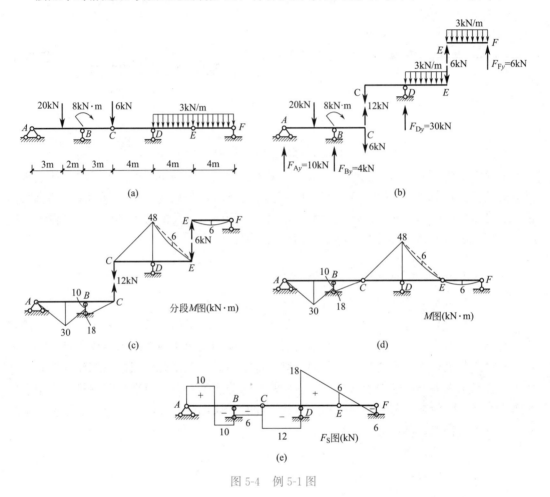

图5-4　例5-1图

（4）绘制弯矩图

拼接各段弯矩图得原多跨静定梁的弯矩图，如图5-4（d）所示。

（5）绘制剪力图

据微分关系绘制剪力图，如图5-4（e）所示。当然，剪力图也可以采用第（3）步分段按各单跨静定梁绘制后，再按第（4）步拼接而得。

（6）绘制轴力图

由于本例中无水平和斜向荷载，所有杆件的轴力为零。

（7）校核

可以从该多跨静定梁中，任意截取数个隔离体，校核其平衡条件。因取隔离体计算较为简单，本算例从略。

另需注意三点：第一，作用在 C 铰上的集中力在层次图中被归入基本部分 ABC，如果将之归入附属部分 CDE 计算，除铰 C 处的剪力不同外，其余结果完全一样，请读者自行验证；第二，AB 梁段亦可用区段叠加法绘制弯矩图；第三，DEF 段的弯矩图是一根完整的二次抛物线。

**【例 5-2】** 试绘图 5-5（a）所示多跨静定梁的内力图。

解：（1）分析层次关系

该梁的几何组成属于基本形式二，附属部分为 CD 段，基本部分是 ABC 段和 DEF 段。按先 "附属" 后 "基本"，应先分析 CD 段，再分析 ABC 段和 DEF 段。绘制拆散后的分层次受力图如图 5-5（b）所示。

（2）计算支反力

根据杆件受力特点，计算支反力，如图 5-5（b）所示。

（3）逐杆绘制弯矩图

逐杆绘制弯矩图，本书从略。

（4）拼接各段弯矩图

将第（3）步绘制的单杆弯矩图进行拼接，如图 5-5（c）所示。

（5）绘制剪力图

可通过逐杆绘制剪力图，也可根据弯矩图绘制剪力图，如图 5-5（d）所示。

（6）绘轴力图

全梁轴力为零，本书从略。

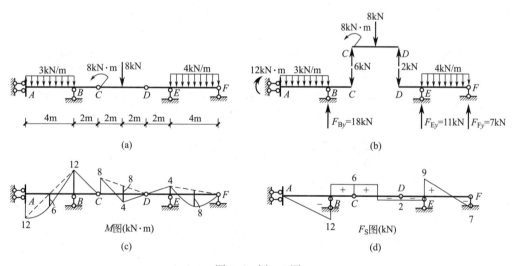

图 5-5　例 5-2 图

# 5.2　静定平面刚架的内力分析

## 5.2.1　静定平面刚架的特点

### 1. 构造特点

由若干梁、柱等直杆组成且具有刚结点的结构，称为**刚架**。杆轴及荷载均在同一平面内且无多余约束的几何不变刚架，称为静定平面刚架。

### 2. 力学特点

为后续描述方便起见，先说明一下刚架内力的表示方法：杆端内力用双下标表示，双下标合在一起表示内力所在的杆段，而靠近内力符号 "$M$" "$F_S$" "$F_N$" 的第一下标表示内力所在截面。例如图 5-6 所示刚架柱顶截面的弯矩应表示成 $M_{BA}$，代表 $BA$ 杆 $B$ 端的弯矩。

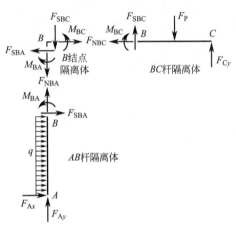

图 5-6　刚架结点及杆件受力分析

（1）刚结点可以承受和传递全部内力（弯矩、剪力和轴力）。从图 5-6 所示 $B$ 结点隔离体可知，所有力在水平方向投影求和，可得 $F_{SBA} = F_{NBC}$；由隔离体的力矩平衡条件 $\sum M_B = 0$，易求得 $M_{BC} = M_{BA}$，且这两个弯矩方向相反，按照弯矩与构件变形的关系可知，这两个弯矩会使得刚结点 $B$ 要么外侧受拉，要么内侧受拉。刚架中，仅连接两根杆件的结点称为简单刚结点。当无外力偶作用时，简单刚结点的端弯矩必大小相等、方向相反，从而使杆端内侧或外侧同时受拉，且数值相等。

（2）刚架中各杆件的剪力和轴力，可通过结点按投影关系转换和传递。刚架中与结点相连的某一杆的杆端剪力和轴力，按照投影关系可全部或部分地转换成另一杆的剪力和轴力。如图 5-6 所示，$AB$ 杆的剪力 $F_{SBA}$ 完全转换为 $BC$ 杆的轴力 $F_{NBC}$，$BC$ 杆的剪力 $F_{SBC}$ 也可完全转换为 $AB$ 杆的轴力 $F_{NAB}$。因此，求刚架中杆件轴力时，常使用刚结点隔离体的投影方程。

（3）变形前后刚结点的夹角保持不变。刚结点的刚度相对于梁、柱杆件刚度更大，在刚架受力变形后，往往假定刚结点处梁柱等杆件维持其未变形前的原夹角，如图 5-7 所示。

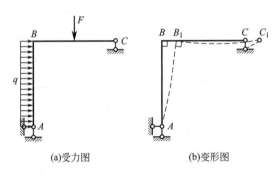

(a)受力图　　　　　　(b)变形图

图 5-7　刚架结点受力前后夹角不变

### 3. 刚架优点

刚架结构内部空间较大，杆件弯矩较小，且制造比较方便，故在土木工程中得到了广泛应用。

## 5.2.2　静定平面刚架的组成形式

基本形式有悬臂刚架、简支刚架和三铰刚架三种，如图 5-8 所示。类似多跨静定梁的几何组成原理，在基本部分上添加附属部分的刚架，称为多层多跨静定平面刚架。

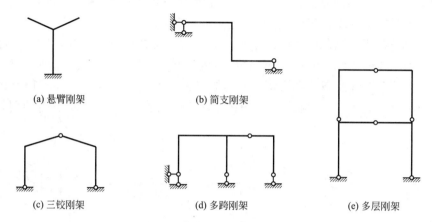

(a) 悬臂刚架　　　　　　　(b) 简支刚架

(c) 三铰刚架　　　　　　　(d) 多跨刚架　　　　　　(e) 多层刚架

图 5-8　静定平面刚架组成形式

## 5.2.3　静定平面刚架内力图绘制

静定平面刚架的内力图有弯矩图、剪力图和轴力图。

静定平面刚架内力图的基本作法是杆梁法，即把刚架拆成杆件，其内力计算方法原则上与静定梁相同。通常是先由刚架的整体或局部平衡条件，求出支座反力，然后用截面法逐杆计算各杆的杆端内力，再利用杆端内力按照静定梁的方法分别作出各杆的内力图，最后将各杆内力图合在一起，就得到刚架的内力图。

刚架中的杆端弯矩不规定符号，约定弯矩图一律绘制在隔离体受拉侧，杆端剪力和轴力的正负号规定与梁相同。剪力图和轴力图可以绘制在杆轴基线任意一侧，但必须注明正负号。

【例 5-3】试绘制图 5-9 所示简支刚架的内力图。

解：（1）求支反力

利用刚架整体结构的力平衡条件可求得三个支反力。所有力在水平方向投影可求得 $F_{Ax}=10\text{kN}$（←）；所有力对 $A$ 点取矩，$F_{Ay}=7.5\text{kN}$（↑）、$F_{Dy}=12.5\text{kN}$（↑）。

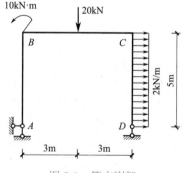

图 5-9　简支刚架

运用杆梁法，逐杆绘制各杆的弯矩、剪力和轴力图。

（2）求解并绘制 $M$ 图

1）$AB$ 杆：先求控制截面弯矩，取 $AB$ 杆为脱离体，$\sum M_B=0$，求得 $M_{BA}=50\text{kN}\cdot\text{m}$（右侧受拉），$A$ 端为铰结点，$M_{AB}=0$；再引直线相连，绘得 $AB$ 杆弯矩图如图 5-10 弯矩图中 $AB$ 段所示。也可将 $AB$ 杆等效为 $A$ 端为自由端（将该处支反力 $F_{Ax}$、$F_{Ay}$ 视为集中荷载）、$B$ 端为固定端（固端支反力等于 $B$ 端杆端力）的悬臂梁直接绘制弯矩图。

2）$CD$ 杆：先求控制截面弯矩，取 $CD$ 杆为脱离体，$\sum M_C=0$，求得 $M_{CD}=-25\text{kN}\cdot\text{m}$

（左侧受拉），$D$ 端为铰结点，$M_{DC}=0$。再运用区段叠加法，可绘得 $CD$ 杆弯矩图如图 5-10 弯矩图中 $CD$ 段所示。也可将 $CD$ 杆等效为 $D$ 端为自由端、$C$ 端为固定端的悬臂梁，在满跨布置均布荷载 2kN/m 情况下直接绘制弯矩图。

3）$BC$ 杆：先求控制截面弯矩 $M_{BC}$ 和 $M_{CB}$，$M_{BC}$ 可视作 $AB$ 杆 $B$ 端内力通过 $B$ 结点平衡传递而来。同理，$M_{CB}$ 可视作 $CD$ 杆 $C$ 端内力通过 $C$ 结点平衡传递而来，故可通过两个结点的平衡条件求得控制截面弯矩。由力矩平衡方程可得 $M_{BC}=M_{BA}-10=40\text{kN}\cdot\text{m}$（下侧受拉），$M_{CB}=M_{CD}$（下侧受拉）。再运用区段叠加法，可绘得 $BC$ 杆弯矩图如图 5-10 弯矩图中 $BC$ 段所示。

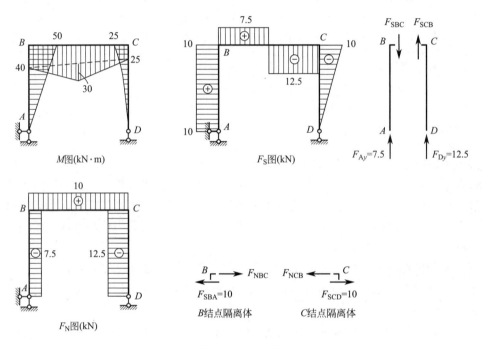

图 5-10　内力图

（3）求解并绘制 $F_S$ 图

对 $AB$、$CD$ 杆，可分别取两杆为隔离体，根据力平衡条件求得杆端剪力，再根据内力图特征，$AB$ 杆的剪力图为平行于杆轴的直线、$CD$ 杆的剪力图为斜直线的规律直接绘制剪力图，如图 5-10 中 $F_S$ 图所示。$BC$ 段左右两端的剪力，可通过图 5-10 中 $F_S$ 图中右侧所示两隔离体的竖向投影平衡条件求出，然后再通过内力图特征求得全杆剪力图。

（4）求解并绘制 $F_N$ 图

$AB$ 和 $CD$ 两杆的轴力图可直接由 $AB$ 杆和 $CD$ 杆隔离体竖向投影平衡条件求得；$BC$ 段左右两端的轴力，可通过图 5-10 中 $B$ 结点和 $C$ 结点隔离体水平投影平衡条件求得。因各杆上都没有受轴向荷载的作用，故各杆轴力图均为平行于杆轴的直线。

（5）内力图校核

可以任取刚架的一部分作为隔离体，检查其平衡条件，如果满足，则计算结果正确。

【例 5-4】试绘图 5-11 所示悬臂刚架的内力图。

解：（1）求支反力

利用刚架整体结构的力平衡条件可求得三个支反力：$F_{Ax}=2ql$（←）、$F_{Ay}=2ql$（↑）、$M_{AB}=ql^2/2$（左侧受拉）。

（2）求解并绘制 $M$ 图

根据荷载情况可知，弯矩图可分为 $CE$、$BC$、$BD$ 和 $AB$ 四段，分别应用区段叠加法绘出。

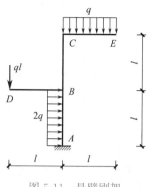

图 5-11 悬臂刚架

1）一求控制弯矩：各控制截面的弯矩可用截面法或力系平衡条件求得。

① 杆 $CE$：$M_{EC}=0$，$M_{CE}=ql\times l/2=2ql^2/2$（上侧受拉）。

② 杆 $BC$：$M_{CB}=M_{BC}=ql\times l/2=ql^2/2$（左侧受拉）；也可以根据 $C$ 结点为简单刚结点，直接得到 $M_{CB}=ql^2/2$（左侧受拉）。

③ 杆 $BD$：$M_{DB}=0$，$M_{BD}=ql\times l=ql^2$（上侧受拉）。

④ 杆 $AB$：$M_{AB}=ql^2/2$（根据支反力求取），取 $B$ 结点为隔离体，可求得 $M_{BA}=M_{BD}-M_{BC}=ql^2/2$（右侧受拉）。

2）二引直线相连：杆 $BC$、$BD$ 控制弯矩截面之间段内未作用外荷载，在控制弯矩之间引实线相连；杆 $CE$ 为悬臂端，可直接绘制弯矩图；杆 $AB$ 有均布荷载作用，在该杆的二控制弯矩之间暂引虚线相连，作为新的基线。

3）三叠简支弯矩：对杆 $AB$，在其新的基线上叠加该杆按简支梁求得的弯矩值，如图 5-12 中 $M$ 图的 $AB$ 段所示。

（3）求解并绘制 $F_S$ 图

杆 $CE$ 和 $BA$ 为斜直线，用截面法可求出该两杆杆端剪力为 $F_{SAB}=2ql$，$F_{SBA}=0$（取 $AB$ 杆 $B$ 截面之上部分为隔离体）；$F_{SEC}=0$，$F_{SCE}=ql$（取 $C$ 截面之右部分为隔离体）。杆 $DB$ 和 $CB$ 为平行于杆轴的直线，可求该两杆中任一截面的剪力。对杆 $DB$，取 $B$ 截面之左为隔离体，可求得 $F_{SBD}=ql$；对杆 $BC$，取 $C$ 截面之上为隔离体，求得 $F_{SCB}=0$。

（4）求解并绘制 $F_N$ 图

对杆 $CE$ 和 $BD$，$F_{NEC}=F_{NDB}=0$。对于 $BC$ 杆，根据 $C$ 结点力的平衡条件，可得 $F_{NCB}=-ql$。对于 $AB$ 杆，根据 $A$ 点支反力，可得 $F_{NAB}=-2ql$。因各杆段均未作用平行于杆轴的力，故各杆的轴力均为平行于杆轴的直线，如图 5-12 的 $F_N$ 图所示。

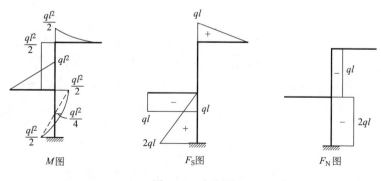

图 5-12 内力图

【例 5-5】试绘图 5-13 所示三铰刚架的内力图。

解：（1）求支反力

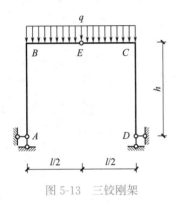

图 5-13　三铰刚架

三铰刚架的两个固定铰支座总共有 4 个未知支反力：$F_{Ax}$、$F_{Ay}$、$F_{Dx}$ 和 $F_{Dy}$，仅通过整体平衡条件无法完全求解，还需根据结构中某隔离体已知的内力条件（如 $EBA$ 或 $ECD$ 部分在铰 $E$ 处的弯矩为零），建立一个补充静力平衡方程，方能求解。具体计算如下：

1）由刚架整体平衡条件，建立三个静力平衡方程，即

$$\sum M_A = 0, \ F_{Dy} = \frac{ql}{2}(\uparrow)$$

$$\sum M_D = 0, \ F_{Ay} = \frac{ql}{2}(\uparrow)$$

$$\sum F_x = 0, \ F_{Ax} = F_{Dx}$$

2）取刚架左半部分 $ABE$ 为隔离体，如图 5-14 所示，补充 $\sum M_E = 0$，即

$$F_{Ax}h + \frac{1}{2} \times ql \times \frac{l}{4} - \frac{ql}{2} \times \frac{l}{2} = 0$$

由此得

$$F_{Ax} = \frac{ql^2}{8h}(\rightarrow), \ F_{Dx} = \frac{ql^2}{8h}(\leftarrow)$$

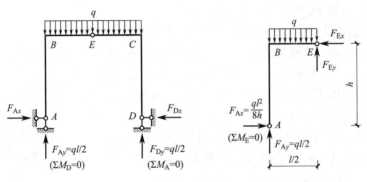

图 5-14　取隔离体

（2）求解并绘制 $M$ 图

可先易后难，按两竖柱 $AB$ 和 $CD$、再横梁 $BE$ 和 $CE$ 的顺序，逐杆绘制弯矩图。对柱 $AB$ 和 $CD$，可分别求得控制弯矩 $M_{BA} = ql^2/8$（左侧受拉）、$M_{CD} = ql^2/8$（右侧受拉）。对横梁 $CE$ 和 $BE$ 的控制弯矩，可通过简单刚结点，方便求得 $M_{BE} = ql^2/8$（上侧受拉）、$M_{CE} = ql^2/8$（上侧受拉）。再根据弯矩图规律和区段叠加法绘制弯矩图，如图 5-15 中 $M$ 图所示。

（3）求解并绘制 $F_S$ 图

两竖柱 $AB$ 和 $CD$ 的剪力可直接利用支座反力求得；横梁 $BE$ 两端的剪力可截取 $B$、$E$ 截面以左为隔离体，利用平衡条件求得 $F_{SBE} = ql/2$、$F_{SEB} = 0$；同理，可求得横梁 $EC$ 两

端剪力为 $F_{SCE}=-ql/2$、$F_{SEC}=0$。再根据内力图规律绘制剪力图，如图 5-15 中 $F_S$ 图所示。

（4）求解并绘制 $F_N$ 图

两竖柱 $AB$ 和 $CD$ 的轴力可直接利用支座反力求得；横梁 $CE$、$BE$ 的轴力可分别通过结点 $B$、$C$ 平衡条件求得。三铰刚架的轴力图如图 5-15 中 $F_N$ 图所示。

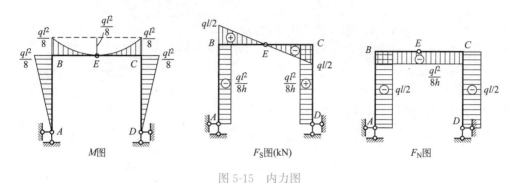

图 5-15　内力图

# 5.3　静定平面桁架的内力分析

## 5.3.1　平面桁架的受力特点

桁架在土木工程以及机械工程中，有相当广泛的应用。同梁和刚架相比，桁架具有应力分布均匀、能充分利用材料以及重量轻等优点。因此，桁架是大跨结构常用的一种形式。

在分析桁架的内力时，必须抓住主要矛盾，选取既能反映这种结构本质而又便于计算的简图，故对桁架结构常采用以下三个假定：

（1）各结点都是光滑的理想铰。

（2）各杆轴线都是直线，且通过结点铰的中心。

（3）荷载和支反力都作用在结点上，且通过铰的中心。

满足以上假定的桁架，称为理想桁架。理想桁架各杆的内力只有轴力（拉力或压力）而无弯矩和剪力，且两杆端轴力大小相等、方向相反、具有同一作用线，仅产生轴向伸缩变形，称为二力杆。

实际工程中的桁架不能完全符合上述三个假设。例如，钢筋混凝土屋架是用混凝土浇筑的结点，钢结构屋架是铆接或焊接而成的结点，都具有一定的刚性，各杆之间的角度几乎不能变动，并非理想铰；由于制造误差各杆轴不可能绝对平直，结点处各杆轴线也不一定完全交于一点；杆件的自重以及作用于杆件上的风荷载都不是作用于结点上的荷载等等。由于以上种种原因，实际桁架在荷载作用下杆件将发生弯曲而产生附加内力（主要是弯矩）。但实际工程中桁架的各杆件一般比较细长，仍以承受轴力为主，弯矩和剪力很小，可忽略不计，在计算杆件轴力时仍可采用理想桁架的计算简图。通常将桁架在理想情况下计算出来的内力称为主内力，将不能满足理想情况而产生的附加内力称为次内力。本节只讨论理想桁架的主内力计算。

### 5.3.2　静定平面桁架的组成形式

凡各杆轴线和荷载作用线位于同一平面内且无多余约束的桁架，称为静定平面桁架。桁架的杆件，按其所在位置的不同，分为弦杆和腹杆两大类，如图 5-16 所示。弦杆是桁架中上下边缘的杆件，上边的叫上弦杆，下边的叫下弦杆；腹杆是上、下弦杆之间的联系杆件，其中斜向杆件称为斜杆，竖向杆件称为竖杆；各杆端的结合点称为结点；弦杆

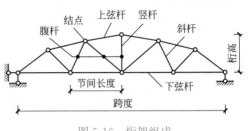

图 5-16　桁架组成

上两相邻结点之间的距离称为节间长度，两支座间的水平距离称为跨度，上、下弦杆上结点之间的最大竖向距离称为桁高。

**1. 按几何组成方式划分**

1) 简单桁架：从一个基本铰结三角形或地基上，依次增加二元体而组成的桁架（图 5-17a、d、e）。

2) 联合桁架：由几个简单桁架按照两刚片或三刚片组成几何不变体系的规则构成的桁架（图 5-17b、f）。

3) 复杂桁架：无法利用基本组成规则分析的其他桁架（图 5-17c）。

**2. 按外形划分**

按外轮廓形状分为：1) 平行弦桁架（图 5-17a）；2) 三角形桁架（图 5-17b）；3) 折弦桁架（图 5-17d）；4) 梯形桁架（图 5-17e）。

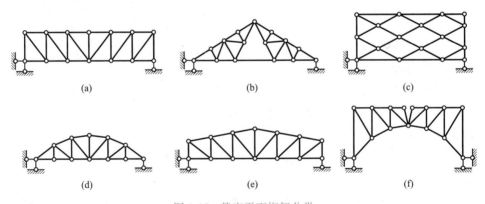

| (a) | (b) | (c) |
| (d) | (e) | (f) |

图 5-17　静定平面桁架分类

### 5.3.3　结点法

桁架杆件的内力规定以受拉为正，在计算时可以假定杆件的未知力为拉力，若所得结果为负，则为压力。桁架内力计算的方法有结点法和截面法，也可联合应用二者。

结点法是截取桁架中的单个结点为隔离体，利用平面汇交力系的两个独立平衡条件，求解各杆未知轴力的方法。在实际计算中，往往从未知力不超过两个的结点开始，依次推算。例如，在计算图 5-18（a）所示的桁架时，可先根据桁架整体平衡条件求得支座反力。

然后，取未知力仅有两个的结点 $A$ 为隔离体，如图 5-18（b）所示。由平衡条件 $\sum F_y =$ 0，可求得 $AC$ 杆的轴力 $F_{\mathrm{NAC}} = -12.5\mathrm{kN}$，再由 $\sum F_x = 0$，求得 $AE$ 杆的轴力 $F_{\mathrm{NAE}} = 7.5\mathrm{kN}$。其次，此时结点 $C$ 处仅余两个未知力，取结点 $C$ 为隔离体，如图 5-18（c）所示。由平衡条件可求得 $F_{\mathrm{NCE}} = 0$，$F_{\mathrm{NCF}} = -7.5\mathrm{kN}$。再次，取结点 $F$ 为隔离体，如图 5-18（d）所示，可求得 $F_{\mathrm{NFE}} = 0$，$F_{\mathrm{NFD}} = -7.5\mathrm{kN}$。最后，依此类推求得各杆轴力。

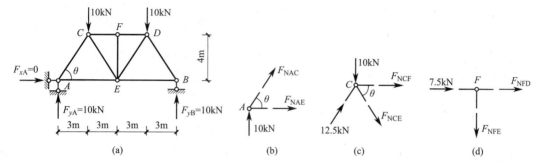

图 5-18　结点法求解步骤

简单桁架是从一个基本铰结三角形开始，依次增加二元体所组成。只要按照从整体上依次去除二元体的次序，逐个取各结点隔离体进行计算，便可保证各隔离体中仅包含两个未知力，因此简单桁架适宜用结点法进行计算。

**1. 利用力三角形与长度三角形关系简化计算**

静定平面桁架中往往包含若干斜杆，若将斜杆的内力分解为水平和竖向两个分力，便可利用杆件长度与其在水平或竖向投影长度之比，来表达轴力与其分力的数值之比，从而避免三角函数运算。

在图 5-19 中，某杆 $AB$ 的轴力 $F_{\mathrm{N}}$、水平分力 $F_x$ 和竖向分力 $F_y$ 组成一个直角三角形；杆 $AB$ 的长度 $l$ 与它的水平投影 $l_x$、竖向投影 $l_y$ 也组成一个直角三角形。这两个三角形各边互相平行，为相似三角形，故有满足以下关系式：

$$\frac{F_{\mathrm{N}}}{l} = \frac{F_x}{l_x} = \frac{F_y}{l_y} \tag{5-1}$$

利用这一关系计算桁架时，可把斜杆内力分解为水平及竖向分力，逐个结点运用水平和竖直方向的投影平衡条件，先计算各杆内力的分力，然后再推算轴力，从而简化计算。

【例 5-6】试用结点法求解图 5-20 所示简支平面桁架各杆轴力。

解：（1）求支反力

将整个桁架作为隔离体，求出支座反力，如图 5-20 所示。

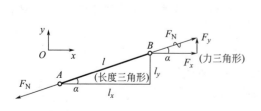

图 5-19　力三角形与长度三角形关系

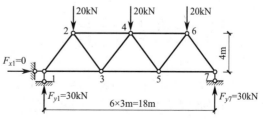

图 5-20　简支平面桁架

（2）依次求各杆轴力

从只含有两个未知力的结点开始，该题有 1、7 两个结点，选择从结点 1 开始，然后依次分析其相邻结点。取结点 1 为隔离体如图 5-21（a）所示。

由 $\sum F_y = 0$ 有 $\qquad$ $F_{y12} + F_{y1} = 0$，求得 $F_{y12} = -30\text{kN}$

利用比例关系有 $\qquad$ $F_{x12} = \dfrac{3}{4} \times F_{y12} = \dfrac{3}{4} \times (-30\text{kN}) = -22.5\text{kN}$

$$F_{N12} = \dfrac{5}{4} \times F_{y12} = \dfrac{5}{4} \times (-30\text{kN}) = -37.5\text{kN}（压力）$$

由 $\sum F_x = 0$ 有 $\qquad$ $F_{x12} + F_{N13} = 0$，求得 $F_{N13} = 22.5\text{kN}（拉力）$

然后，取结点 2 为隔离体，如图 5-21(b) 所示。

由 $\sum F_y = 0$ 得 $\qquad$ $-F_{y23} + 30\text{kN} - 20\text{kN} = 0$，求得 $F_{y23} = 10\text{kN}$

利用比例关系有 $\qquad$ $F_{x23} = \dfrac{3}{4} \times F_{y23} = \dfrac{3}{4} \times 10\text{kN} = 7.5\text{kN}$

$$F_{N23} = \dfrac{5}{4} \times F_{y23} = \dfrac{5}{4} \times 10\text{kN} = 12.5\text{kN}（拉力）$$

由 $\sum F_x = 0$ 有 $\qquad$ $F_{x23} + F_{N24} + 22.5\text{kN} = 0$，求得 $F_{N24} = -30\text{kN}（压力）$

其次，分别取结点 3、4、5 和 6 为隔离体，可分别求得 $F_{N34}$、$F_{N35}$、$F_{N45}$、$F_{N46}$、$F_{N56}$、$F_{N57}$、$F_{N67}$。

与结点 7 相连杆 57、67 的轴力已求得，可取结点 7 为隔离体，根据平衡条件对计算结果进行校验。

（3）绘制轴力图

桁架结构的轴力图与刚架不同，往往将所求得的轴力标注在相应杆件旁即可得到桁架结构的轴力图，如图 5-22 所示。其中，正号表示受拉；负号表示受压。

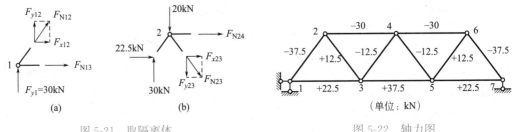

图 5-21　取隔离体　　　　　　图 5-22　轴力图

**2. 利用特殊结点，判定零杆和等力杆**

对桁架进行分析时，常会遇到一些特殊结点，掌握其平衡规律，可直接判定出一些杆件的轴力，这将给计算带来很大方便。

（1）零杆的判定

在给定荷载作用下，桁架杆件中轴力为零的杆件，称为零杆。

1）L 形结点：成 L 形汇交的两杆结点无荷载作用，则这两杆皆为零杆，如图 5-23（a）所示。

2）T 形结点：成 T 形汇交的三杆结点无荷载作用，则不共线的第三杆（又称单杆）必为零杆，而共线的两杆内力相等且正负号相同（同为拉力或压力）如图 5-23（b）所示。图 5-23（c）可视为 T 形结点的推广，图中单杆的轴力 $F_{N2}=0$。

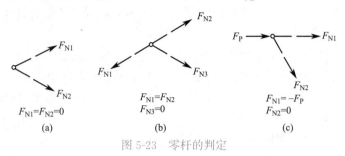

$F_{N1}=F_{N2}=0$

(a)

$F_{N1}=F_{N2}$
$F_{N3}=0$

(b)

$F_{N1}=-F_P$
$F_{N2}=0$

(c)

图 5-23　零杆的判定

（2）等力杆的判定

1）X 形结点：成 X 形汇交的四杆结点无荷载作用，则彼此共线的杆件的内力两两相等，如图 5-24（a）所示。

2）K 形结点：成 K 形汇交的四杆结点，其中两杆共线，而另外两杆在此直线同侧且交角相等，若结点上无荷载作用，则不共线的两杆内力大小相等而符号相反，如图 5-24（b）所示。

3）Y 形结点：成 Y 形汇交的三杆结点，其中两杆分别在第三杆的两侧且交角相等，若结点上无与该第三杆轴线方向偏斜的荷载作用，则该两杆内力大小相等且符号相同，如图 5-24（c）所示。

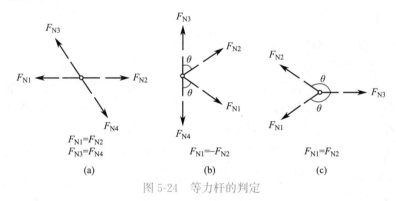

$F_{N1}=F_{N2}$
$F_{N3}=F_{N4}$

(a)

$F_{N1}=-F_{N2}$

(b)

$F_{N1}=F_{N2}$

(c)

图 5-24　等力杆的判定

应用上述结论，容易看出图 5-25（a）、（b）桁架中虚线所示的各杆均为零杆。

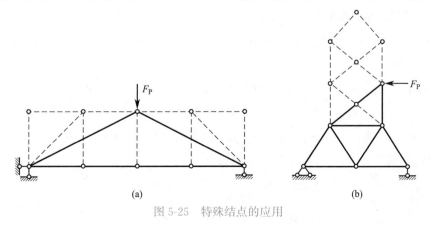

(a)

(b)

图 5-25　特殊结点的应用

### 5.3.4　截面法

截面法是截取桁架一部分（至少包括两个结点）为隔离体，利用平面任意力系的三个独立平衡条件，求解所截杆件未知轴力的方法。截面法适用于联合桁架的计算以及简单桁架中指定杆件的内力计算。

为简化内力计算，在应用截面法分析静定平面桁架时应注意以下两点：

（1）选择恰当的截面和适宜的平衡方程，尽量避免方程的联立求解。

（2）利用刚体力学中力可沿其作用线移动的特点，按照解题需要可将杆件的未知轴力移至恰当的位置进行分解，以简化计算。

【例 5-7】试用截面法求解图 5-26 所示平面桁架中 1、2、3 三杆的轴力。

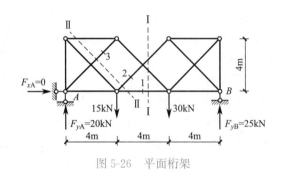

图 5-26　平面桁架

解：（1）求支反力

将整个桁架作为隔离体，求出支座反力，如图 5-26 所示。

（2）计算指定杆件内力

该桁架从几何组成上可视为由两个简单桁架用三个链杆联结而成的联合桁架，故先从三个链杆（图 5-26 中 I-I 截面）处断开，解出 $F_{N1}$ 或 $F_{N2}$ 或 $F_{N1}$、$F_{N2}$ 都解出；再另取截面（图 5-26 中 II-II 截面），用截面法求解其余所求杆件的未知力。

1）从 I-I 截面处截开，取桁架结构左边部分为隔离体，如图 5-27（a）所示。

以 $O_1$ 为矩心，由 $\sum M_{O1} = 0$ 有 $F_{N1} \times 2\mathrm{m} + 15\mathrm{kN} \times 2\mathrm{m} - 20\mathrm{kN} \times 6\mathrm{m} = 0$，求得 $F_{N1} = 45\mathrm{kN}$（拉力）

2）从 II-II 截面处断开，取桁架结构左边部分为隔离体，如图 5-27（b）所示。

将 $F_{N2}$、$F_{N3}$ 分解成水平和竖向分力，

以 $O_2$ 为矩心，由 $\sum M_{O2} = 0$ 有 $F_{x2} \times 4\mathrm{m} + F_{N1} \times 4\mathrm{m} - 20\mathrm{kN} \times 4\mathrm{m} = 0$，求得 $F_{x2} = -25\mathrm{kN}$

利用比例关系求出　　　$F_{y2} = F_{x2} = -25\mathrm{kN}$

故　　　$F_{N2} = \sqrt{2} \times F_{x2} = \sqrt{2} \times (-25\mathrm{kN}) = -35.36\mathrm{kN}$（压力）

由 $\sum F_y = 0$ 有　　　$F_{y3} + F_{y2} + 20\mathrm{kN} - 15\mathrm{kN} = 0$，求得 $F_{y3} = 20\mathrm{kN}$

利用比例关系有　　　$F_{x3} = F_{y3} = 20\mathrm{kN}$

　　　　　　$F_{N3} = \sqrt{2} \times F_{y3} = \sqrt{2} \times 20\mathrm{kN} = 28.28\mathrm{kN}$（拉力）

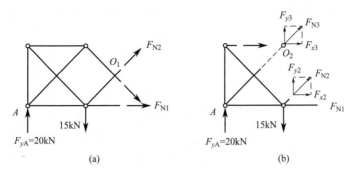

图 5-27　取隔离体

## 5.4　静定组合结构的内力分析

### 5.4.1　构件的受力特性

按照受力性质，常将结构中的杆件分为梁式杆和二力杆两类。梁式杆（简称梁杆）是指其内力中存在弯矩、剪力、轴力，以弯曲变形为主的受弯杆；例如，图 5-28（a）、（b）所示杆件分别为梁式杆和二力杆，可见仅通过两铰对外连接且杆上无其他力作用的链杆是二力杆。又如，图 5-29 所示某结构一部分的隔离体中，二力杆包括杆 $BD$、$CD$ 和 $DE$，梁式杆为杆 $AEB$，而杆 $BGC$ 是中部受轴向力作用的拉压杆，既非梁式杆亦非二力杆。同时包含梁式杆和拉压杆的结构，称为组合结构。

组合结构中的铰结点类型比较复杂，也应注意区分。所连杆件全部为拉压杆的铰结点，称为桁铰；所连杆件中至少有 1 根梁式杆的铰结点，则称为梁铰。例如，假设图 5-29 所示隔离体中对外联系铰为 $A$ 和 $C$，则可确定铰 $D$ 为桁铰，铰 $B$ 和 $E$ 为梁铰，而铰 $A$ 和 $C$ 还需考察所连的其余杆件（在其他隔离体上）方能确定其性质。根据上述两类杆的力学性质可知：桁铰必为全铰结点，而梁铰既可能是全铰也可能是组合（即半铰）结点。只有当桁铰所连杆全为二力杆时，方可对其应用零杆或等力杆规则，比如不能将图 5-29 中铰 $B$ 误当作 T 形结点，得出杆 $BD$ 轴力为零的错误结论。

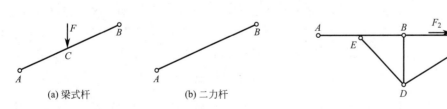

(a) 梁式杆　　　　　(b) 二力杆

图 5-28　梁式杆和二力杆　　　　　图 5-29　某组合结构隔离体

### 5.4.2　静定组合结构的分析方法

（1）分清构件的性质，以二力杆为突破

在进行组合结构的受力分析之前，务必按上述定义仔细区分其中哪些是梁杆，哪些是桁杆，并确定铰结点是桁铰还是梁铰。因为二力杆中仅存在轴力，因此取隔离体时常常用截面优先截断二力杆，以使所取隔离体上的未知力尽量少。

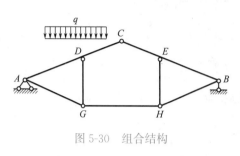

图 5-30　组合结构

（2）根据静定结构的几何组成方式，寻找求解路径

对静定结构而言，按其几何组成过程的逆序依次取隔离体，通常可以找到手算求解的最优方案。如图 5-30 所示组合结构，其构建过程是：杆 *ADC* 通过添加二元体 *AGD* 形成刚片 *AGDC*，同理可构建右侧刚片 *BHEC*；此二刚片再通过顶铰 *C* 和链杆 *GH* 相连，满足二刚片规则，于是 *ACBHG* 部分形成完整大刚片；最后大刚片与地基通过符合二刚片规则的简支支座相连，成为静定结构。若欲求解此组合结构内力，可根据几何组成分析过程的逆序，优先用整体平衡条件求解支座反力；再用截面断开顶铰 *C* 和链杆 *GH* 并取任一刚片为隔离体，利用平衡条件确定铰 *C* 和链杆 *GH* 的内力；最后再深入刚片内部求解其余杆件内力。

【例 5-8】试求图 5-31（a）所示静定组合结构中梁式杆的弯矩图及各二力杆的轴力。

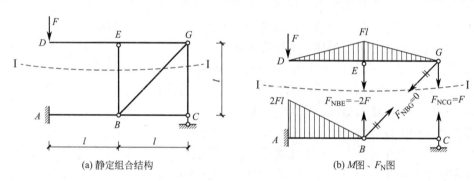

（a）静定组合结构　　　　　　　　（b）*M* 图、$F_N$ 图

图 5-31　例 5-8 图

解：首先，确定杆 *AB* 和 *DEG* 为梁式杆，其余各杆为二力杆。因此铰结点中，只有铰 *C* 是桁铰，且其为 T 形结点，从而直接确定二力杆 *BC* 的轴力 $F_{NBC}=0$。

接着，对该结构进行几何组成分析。该结构可从悬臂杆 *AB* 开始构建，在其上添加二元体（由链杆 *BC* 和支杆 *C* 构成）后，作为一刚片。再选取杆 *DEG* 为另一刚片，则二刚片通过链杆 *BE*、*BG* 和 *GC* 相连，满足二刚片规则表述二，形成静定结构。因最后用到的是二力杆 *BE*、*BG* 和 *GC*，因此率先使用截面Ⅰ-Ⅰ将此三杆截断。选取该截面以上的 *DEG* 部分为隔离体，暴露三杆轴力为未知力。对此隔离体取平衡方程 $\sum F_x=0$，可得 $F_{NBG}$ 的水平分量为零，故 $F_{NBG}=0$。再分别取此隔离体的平衡方程 $\sum M_G=0$ 和 $\sum M_E=0$，可得 $F_{NBE}=-2F$、$F_{NCG}=F$。求得三杆轴力后，再将梁杆 *DEG* 当作伸臂梁，容易绘得其弯矩图。

最后，将截断三杆的轴力反作用到 *ABC* 部分上。其中，$F_{NCG}$ 直接被支杆 *C* 承受，不引起任何内力；$F_{NBE}$ 则作用于悬臂杆 *AB* 的 *B* 端，将此杆视作悬臂梁即可作出其弯矩图。最终内力图如图 5-31（b）所示。

本题也可以只用二元体规则分析，请读者自行对比用二元体规则计算和如上计算的差别。

# 5.5　三铰拱的内力分析

## 5.5.1　拱的优点及定义

拱是一种历久弥新的结构。自然界中的喀斯特地貌区，石灰岩在流水的长期侵蚀下可能形成"天生石拱桥"；在人类文明发展历程中，拱结构也扮演着重要角色，不论是中国古代著名的赵州桥，还是西方古建筑中的穹顶、拱券，都可见拱的身影。随着建筑材料的发展，现代还涌现了预应力钢筋混凝土拱、钢桁架拱等新的拱结构形式，不断推动拱结构向更轻、更大跨度发展。

在实际工程常见荷载作用下，拱主要产生轴力。因此，拱结构被定义为在竖直向下荷载作用下，支座会产生向内的水平推力，内力以轴向压力为主的结构。可见，曲线形的外观特征并不能成为定义结构是否是拱的关键，例如曲线形的梁。而诸如三铰刚架等由直杆构成的非曲线形结构，因在竖向荷载作用下能产生水平支座反力，仍被称作拱式结构。

## 5.5.2　平面静定拱的几何构成特点

图 5-32 展示了几种平面静定拱。其中，图（a）是三铰拱的基本形式，即由两个固定铰支座（称为拱趾）和一个中间铰结点（称为顶铰）连接曲线形拱身构成。拱趾间的连线称为起拱线，顶铰到起拱线的铅垂距离称为拱高或矢高（记作 $f$），拱高与跨度之比 $f/l$ 比称为高跨比。如果起拱线是水平线，则该拱为平拱；若起拱线倾斜，则为斜拱。图（b）和图（c）为三铰拱的变化形式，图（b）中的链杆 AB，在竖直向下的荷载作用下，其内力为拉力；图（c）则进一步将拉杆转化为铰接链杆体系。

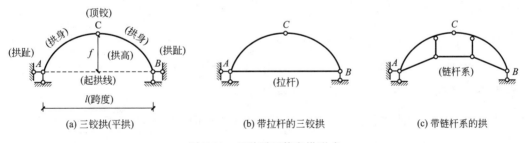

(a) 三铰拱（平拱）　　　　(b) 带拉杆的三铰拱　　　　(c) 带链杆系的拱

图 5-32　几种平面静定拱形式

## 5.5.3　三铰拱的受力分析

三铰拱的几何构成与 5.1 节中讨论过的三铰刚架相同，其受力分析的关键是支座反力。三铰拱中四个支座反力的受力分析思路与三铰刚架类似，可先根据整体平衡条件求得竖向支座反力，再切开顶铰，取顶铰与某一拱趾之间的拱身刚片为隔离体，做进一步分析。

在此，以图 5-33（a）所示竖直荷载作用下的三铰平拱为例，讨论其支座反力和内力的计算方法与特点。这里采用相当梁法，相当梁的荷载、跨度、支座与原拱结构保持一致。

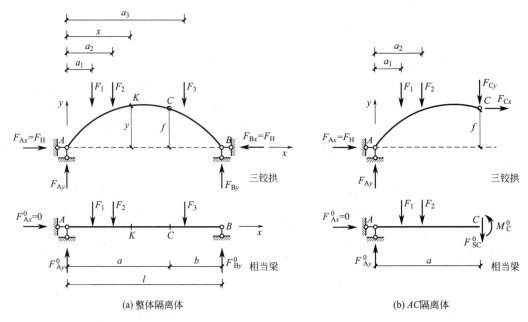

(a) 整体隔离体                 (b) AC隔离体

图 5-33 三铰拱支座反力计算

（1）三铰拱的支座反力

首先，计算竖向反力。如图 5-33（a）所示，对支座 $B$ 铰心列整体力矩平衡方程 $\sum M_B = 0$，有

$$F_{Ay} = \frac{1}{l} \left[ F_1(l - a_1) + F_2(l - a_2) + F_3(l - a_3) \right]$$

$$F_{Ay}^0 = \frac{1}{l} \left[ F_1(l - a_1) + F_2(l - a_2) + F_3(l - a_3) \right]$$

式中，上标"0"表示相当梁的对应量，后同。可见 $F_{Ay} = F_{Ay}^0$。

同理，由整体平衡条件 $\sum M_A = 0$，易得 $F_{By} = F_{By}^0$。

接着，计算支座水平推力。根据三铰拱整体水平方向平衡条件 $\sum F_x = 0$，易得 $F_{Ax} = F_{Bx}$，记作 $F_H$。取 $AC$ 部分为隔离体，如图 5-33（b）所示，利用平衡条件 $\sum M_C = 0$，可得

$$F_H = \frac{1}{f} \left[ F_{Ay}a - F_1(a - a_1) - F_2(a - a_2) \right] \tag{a}$$

$$M_C^0 = F_{Ay}^0 a - F_1(a - a_1) - F_2(a - a_2) \tag{b}$$

注意到 $F_{Ay} = F_{Ay}^0$，再将式（b）代入式（a），得 $F_H = M_C^0 / f$。

综上，三铰拱的支座反力为

$$F_{Ay} = F_{Ay}^0 \tag{5-2a}$$

$$F_{By} = F_{By}^0 \qquad (5\text{-}2\text{b})$$

$$F_H = \frac{M_C^0}{f} \qquad (5\text{-}2\text{c})$$

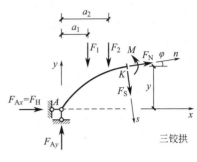

三铰拱

式中，$M_C^0$ 为相当梁在顶铰对应截面处的弯矩。

（2）三铰拱的内力

在图 5-33（a）所示坐标系下，取 $AK$ 隔离体，$K$ 可为任意截面，设 $x$ 轴与截面 $K$ 的外法线方向的夹角为 $\varphi$，则三铰拱和相当梁的 $AK$ 隔离体如图 5-34 所示。

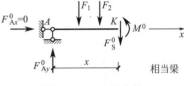

相当梁

图 5-34　$AK$ 隔离体

截面弯矩。对图 5-34 中截面 $K$ 的形心建立力矩平衡方程 $\sum M_K = 0$，得三铰拱和相当梁的弯矩分别为

$$M = F_{Ay}x - F_1(x-a_1) - F_2(x-a_2) - F_H y \quad (c)$$

$$M^0 = F_{Ay}^0 x - F_1(x-a_1) - F_2(x-a_2) \qquad (d)$$

注意到 $F_{Ay} = F_{Ay}^0$，再将式（d）代入式（c），得 $M = M^0 - F_H y$。

可见，拱内任一截面的弯矩等于相当梁对应截面的弯矩减去水平推力在拱高上引起的矩。因此，三铰拱中的弯矩小于相当梁对应截面的弯矩。

截面剪力。对图 5-34 所示两隔离体沿截面 $K$ 的切向取投影平衡方程（对三铰拱为 $\sum F_S = 0$，对相当梁为 $\sum F_y = 0$），得三铰拱和相当梁的剪力分别为

$$F_S = (F_{Ay} - F_1 - F_2)\cos\varphi - F_H\sin\varphi \qquad (e)$$

$$F_S^0 = F_{Ay}^0 - F_1 - F_2 \qquad (f)$$

将式（f）代入式（e），得 $F_S = F_S^0\cos\varphi - F_H\sin\varphi$。

截面轴力。对图 5-34 所示三铰拱隔离体，沿截面 $K$ 的外法线方向 $n$ 取投影平衡方程 $\sum F_n = 0$，得三铰拱的轴力为

$$F_N = -(F_{Ay} - F_1 - F_2)\sin\varphi - F_H\cos\varphi \qquad (g)$$

将式（f）代入式（g），得 $F_N = -F_S^0\sin\varphi - F_H\cos\varphi$。

综上，三铰拱与相当梁的内力存在如下关系

$$M = M^0 - F_H y \qquad (5\text{-}3\text{a})$$

$$F_S = F_S^0\cos\varphi - F_H\sin\varphi \qquad (5\text{-}3\text{b})$$

$$F_N = -F_S^0\sin\varphi - F_H\cos\varphi \qquad (5\text{-}3\text{c})$$

对于图 5-35（a）所示带拉杆的三铰平拱，由整体平衡条件易知，其竖向支座反力与图 5-34 所示拱相同，而其支座水平推力为零，完全由拉杆的拉力替代。设拉杆轴力为 $F_t$，隔离体如图 5-35（b）所示，由平衡条件 $\sum M_C = 0$，得

$$F_t = \frac{M_C^0}{f} \qquad (5\text{-}4)$$

同理，拉杆三铰拱的内力为

$$M = M^0 - F_t y \qquad (5\text{-}5\text{a})$$

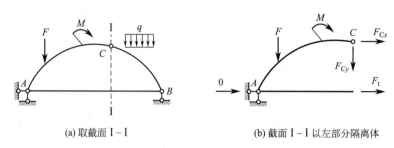

图 5-35　带拉杆的三铰平拱

$$F_S = F_S^0 \cos\varphi - F_t \sin\varphi \tag{5-5b}$$

$$F_N = -F_S^0 \sin\varphi - F_t \cos\varphi \tag{5-5c}$$

需要注意的是，式（5-2）～式（5-5）的适用条件为竖向荷载（含力偶）作用下的三铰平拱。满足此条件的三铰刚架也可使用上述支座反力和内力计算公式。若不满足此条件，则应按平衡条件直接求取。

### 5.5.4　三铰拱的受力特点

由上述分析可知，竖直向下的荷载在拱的支座处产生水平推力，水平推力与水平内力（由轴力和剪力合成）相平衡，二者构成内力偶 $F_H y$，抵消了一部分由荷载与竖向反力构成的外力偶（数值上等于 $M^0$），从而极大地减小了拱中的弯矩和剪力。而相当梁只能依靠弯矩和剪力来平衡横向荷载及其产生的力矩。拱的这一平衡机制，使之与梁相比用材更充分，可跨越更大的空间。这一特点使得建造拱时可以更多地采用受压强度高而受拉强度低的脆性材料，如砖石等，而这些材料也相对经济易得，这便从力学的角度解释了为何拱结构能够较早出现在人类建造史中。

由式（5-2）可知，三铰拱的支座反力只与荷载、跨度和拱高三个因素相关，而与拱轴线的具体形式无关，即荷载和三个铰的位置决定了三铰拱的支座反力。支座推力 $F_H$ 的大小与拱高成反比，随着三铰拱高跨比 $f/l$ 的减小，$F_H$ 将增大。因此，高跨比较小的扁平拱的推力较高拱大，对基础或下部结构的承载力要求较高，工程中常设置拉杆以减小支座推力。

由式（5-3）可见，三铰拱的内力不仅受到荷载、跨度和拱高的影响，还受到拱身曲线形式的影响。这意味着如果已确定了三铰拱承受的荷载及其三铰的位置，便可对其轴线形式进行优化设计，使各横截面中的弯矩和剪力均为零。由于工程拱结构的荷载工况并非单一一组竖向荷载，因此实际优化设计的目标是使拱内弯矩、剪力尽可能小。满足优化设计要求的拱身曲线称为合理拱轴，其推导和典型案例请读者参见相关结构力学教材。

### 5.5.5　三铰拱的内力计算

拱通常是曲线形结构，不能直接使用第 4 章基于直杆段隔离体推导出的内力图特征，但仍可参考其相当梁的内力图形状来绘制内力图。具体绘制时，可采用等分截面法，也就是沿三铰拱跨度方向取等分截面作为控制截面，根据式（5-2）和式（5-3）或式（5-4）和式（5-5）求得控制截面的内力后，用竖标标注于拱轴线上，再参考相当梁的内力图形状，用光滑曲线依次连接相邻竖标顶点，即得三铰拱内力图。

【例 5-9】绘图 5-36（a）所示三铰拱的内力图。设拱轴线方程为 $y = \dfrac{4f}{l^2}x(l-x)$，$l = 12\text{m}$，$f = 3\text{m}$。

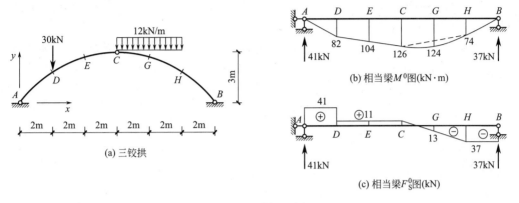

图 5-36　例 5-9 图

解：（1）确定拱轴线方程及其切线方程

将 $l = 12\text{m}$，$f = 3\text{m}$ 代入 $y = \dfrac{4f}{l^2}x(l-x)$ 和 $y' = \dfrac{4f}{l} - \dfrac{8f}{l^2}x$，得到

$$y(x) = x - \frac{x^2}{12} \quad 及 \quad y'(x) = \tan\varphi = 1 - \frac{x}{6}$$

（2）计算三铰拱的支座反力

根据式（5-2a）和（5-2b），容易求得 $F_{Ay} = 41\text{kN}$、$F_{By} = 37\text{kN}$。然后，绘制相当梁的弯矩图和剪力图，如图 5-36（b）和（c）所示。将此三铰拱沿跨度 6 等分，即每 2m 取一截面。在相当梁内力图上标注相应截面内力值。

查相当梁弯矩图可知，$M_C^0 = 126\text{kN·m}$，将其代入式（5-2c），得水平推力

$$F_H = \frac{M_C^0}{f} = \frac{126\text{kN·m}}{3\text{m}} = 42\text{kN}$$

（3）计算三铰拱各等分截面处的内力（以截面 $D$ 和 $G$ 为例）

截面 $D$：

几何参数为 $x = 2\text{m}$，$y_D = y(2) = 5/3\text{m}$，$y_D' = y'(2) = \tan\varphi = 2/3$，因此 $\varphi = \arctan(2/3) = 0.588\text{rad}$，$\sin\varphi = 0.555$，$\cos\varphi = 0.832$。

弯矩 $M_D = M_D^0 - F_H y_D = 82\text{kN·m} - 42\text{kN} \times 5/3\text{m} = 12\text{kN·m}$

左截面剪力 $F_{SD左} = F_{SD左}^0 \cos\varphi - F_H \sin\varphi = 41\text{kN} \times 0.832 - 42\text{kN} \times 0.555 = 10.8\text{kN}$

右截面剪力 $F_{SD右} = F_{SD右}^0 \cos\varphi - F_H \sin\varphi = 11\text{kN} \times 0.832 - 42\text{kN} \times 0.555 = -14.1\text{kN}$

左截面轴力 $F_{ND左} = -F_{SD左}^0 \sin\varphi - F_H \cos\varphi = -41\text{kN} \times 0.555 - 42\text{kN} \times 0.832 = -57.7\text{kN}$

右截面轴力 $F_{ND右} = -F_{SD右}^0 \sin\varphi - F_H \cos\varphi = -11\text{kN} \times 0.555 - 42\text{kN} \times 0.832 = -41.0\text{kN}$

截面 $G$：

几何参数为 $x=8\text{m}$，$y_G=y(8)=8/3\text{m}$，$y'_G=y'(8)=\tan\varphi=-1/3$，因此 $\varphi=\arctan(-1/3)=-0.322\text{rad}$，$\sin\varphi=-0.316$，$\cos\varphi=0.949$。

弯矩 $M_G=M_G^0-F_H y_G=124\text{kN}\cdot\text{m}-42\text{kN}\times8/3\text{m}=12\text{kN}\cdot\text{m}$

剪力 $F_{SG}=F_{SG}^0\cos\varphi-F_H\sin\varphi=(-13\text{kN})\times0.949-42\text{kN}\times(-0.316)=0.948\text{kN}$

轴力 $F_{NG}=-F_{SG}^0\sin\varphi-F_H\cos\varphi=-(-13\text{kN})\times(-0.316)-42\text{kN}\times0.949=-44.0\text{kN}$

（4）绘制内力图

将各截面内力竖标绘于内力图中，然后用光滑的曲线连接各竖标顶点，即得此三铰拱的内力图，如图 5-37 所示。

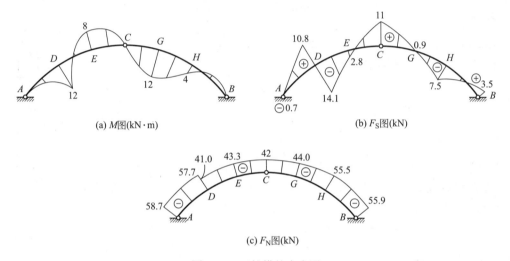

图 5-37　三铰拱的内力图

从例 5-9 可以看出，若 $\varphi$ 在左半拱时取正，在右半拱时则取负。在集中力（或力偶）作用处，三铰拱的内力图在此截面也有突变或尖角。对集中力作用截面的剪力和轴力，计算时也需分别取其以左和以右截面的相当梁剪力代入式（5-3b）和式（5-3c）中计算。

# 5.6　静定结构的一般特性

静定结构是无多余约束的几何不变体系，上一章及本章所介绍的各类静定结构均具有此几何组成共性，而这与其受力特性紧密相关，使得所有静定结构在受力分析上也具有共性。掌握静定结构的一般特性，有利于加深对静定结构的认识，也有助于快速准确地进行其内力分析。

## 5.6.1　静力解答的唯一性

必要约束的功能在于防止结构整体或各部分之间产生刚体运动，使之保持静止或匀速直线运动状态。或者说，必要约束的存在保证了结构的平衡，因此对于仅包含必要约束的静定结构而言，只需利用平衡条件便可唯一地确定其全部的支座反力和内力，而满足平衡条件的支座反力和内力解就是静定结构的唯一解，这便是静定结构静力解答的唯一性。本特性是静定结构的根本特性，由此派生出以下特性。

### 5.6.2　静定结构无自内力

超静定结构在非荷载因素作用下自身会产生内力，这种内力称为自内力，这是因为多余约束限制了结构自由发生位移和变形。而静定结构不存在多余约束，因此温度变化、支座移动、制造误差和材料胀缩等非荷载因素作用时，静定结构将产生自由变形和位移，却不会产生反力和内力。例如，图 5-38（a）所示三铰刚架，当支座 $B$ 沉降时，整个刚架将随之发生虚线所示未受限的刚体位移，各杆均无任何变形，故其支座反力和内力为零。又如，图 5-38（b）所示三铰拱，当温度变化时，曲杆 $AC$ 和 $CB$ 将自由变形到虚线所示位置，变形未受限制，故其支座反力和内力亦为零。

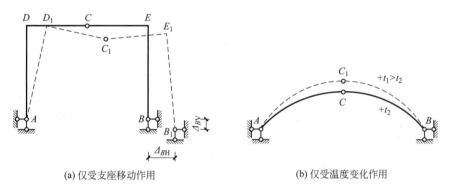

(a) 仅受支座移动作用　　　　　　　　　　(b) 仅受温度变化作用

图 5-38　静定结构无自内力

### 5.6.3　局部平衡特性

利用静力平衡可以证明，当静定结构中的一个几何不变部分承受自平衡力系作用时，将只会在此部分上产生内力和支座反力，其他部分将不产生内力和支座反力。例如，图 5-39（a）所示静定刚架上有自平衡的平行力系作用于几何不变部分 $AB$ 上，则 $A$ 以左的部分 $ACD$ 将不产生内力，支座 $D$ 亦无反力。又如，图 5-39（b）所示的多跨静定梁，当外荷载 $F$ 单独作用于基本部分 $AB$ 的 $E$ 处时，其几何不变部分 $AE$ 在其 $A$ 端连有足够的外约束，使得 $F$ 及支座反力 $M_A$ 和 $F_{Ay}$ 构成自平衡力系，因此内力和支座反力将仅在 $AE$ 部分产生。而若将 $F$ 移动到如图 5-39（c）所示的 $G$ 处，则附属部分 $BC$ 所受外约束仅有支杆 $H$，尚需内约束中间铰 $B$ 的参与方能达成平衡，而内约束具有在基本与附属部分之间传递力的功能，因此该梁产生内力的范围将变为从 $A$ 到 $H$ 的部分。而若假设中间铰 $C$ 参与 $BC$ 部分的平衡，则铰 $C$ 反作用于 $CD$ 部分的力将无法使 $CD$ 部分保持力矩平衡，因此这种情况不会发生。

### 5.6.4　荷载等效特性

当对静定结构内某一几何不变部分上的荷载作静力等效变换时，只有该部分的内力发生变化，而其余部分的内力保持不变。所谓荷载的静力等效变换，是指将原荷载用与其主矢和主矩相同的另一组等效荷载代替。例如，欲将图 5-40（a）所示简支梁上 $C$ 处作用的

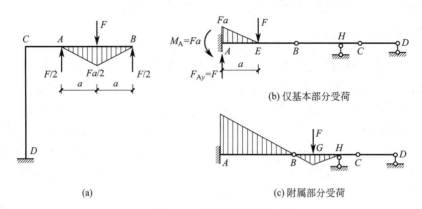

(a)

(b) 仅基本部分受荷

(c) 附属部分受荷

图 5-39　局部平衡特性

原荷载 $M$ 等效到 $D$ 和 $E$ 两处，则可先在几何不变的 $DE$ 部分上构建图 5-40（b）所示的自平衡力系，然后再如图 5-40（c）所示将 $D$ 和 $E$ 两处的力 $M/a$ 反向施加，即可得到与原荷载在主矢和主矩上均相同的等效荷载。由于图 5-40（b）和图 5-40（c）两种情况的内力（图中以弯矩为例）之和与图 5-40（a）等效，因此变换范围以外的 $AD$ 和 $EB$ 两部分内力保持不变。

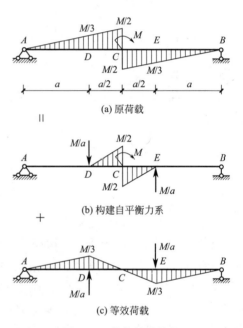

(a) 原荷载

(b) 构建自平衡力系

(c) 等效荷载

图 5-40　荷载等效特性

利用本特性，可将作用于静定桁架中桁杆上的非结点荷载等效成结点荷载，从而使之满足"理想桁架仅承受结点集中力"的假设。

需要强调的是，对超静定结构上的荷载做静力等效变换，可能会使整结构的内力都发生变化，这是因为分析超静定结构不能只考虑平衡条件，还需同时考虑变形协调条件。

### 5.6.5　构造变换特性

在保证静定结构所受荷载及其中某一几何不变部分的对外联系均不变的前提下，将此部分等效变换为几何组成构造上不同的另一几何不变部分后，该结构中只有发生构造变换的部分内力会改变，其余部分内力不变。例如，欲将图 5-41（a）所示静定结构中的横梁 $AB$ 做构造变换，首先应保证所受荷载不变，同时亦不更改横梁对外联系的两铰 $A$ 和 $B$，接着将它替换成图 5-41（b）所示的静定桁架部分，则根据本特性可知只有发生变化的 $AB$ 部分内力会改变，而柱子 $AE$ 和 $BG$ 的内力不会变化。

利用本特性，可将由三刚片规则构成的静定结构变换为由二刚片或二元体规则构成的结构，再按照几何组成过程的逆序寻找求解路径，从而有效规避手算时联立方程求解未知力。

若要实现超静定结构的构造变换，不能只保证荷载和被替换几何不变部分的对外联系

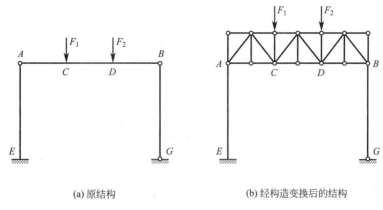

(a) 原结构　　　　　　　　　(b) 经构造变换后的结构

图 5-41　构造变换特性

不变，还需使替换前后这部分在变形和刚度特征上保持一致。

### 5.6.6　静定结构的支座反力和内力与刚度无关

因为静定结构的支座反力和内力仅由静力平衡方程唯一确定，不涉及其组成材料的性质（包括拉压弹性模量 $E$ 和剪切弹性模量 $G$）以及杆件截面的几何性质（包括面积 $A$ 和惯性矩 $I$），因此静定结构的支座反力和内力与杆件的弯曲、剪切和轴向刚度 $EI$、$GA$ 和 $EA$ 无关。

# 思考题

5-1　绘制刚架弯矩图时，怎样合理并尽可能少地选取控制截面？

5-2　在竖向荷载作用下，三铰刚架的水平推力是否可为 0？

5-3　为什么能采用理想桁架作为实际桁架的计算简图？

5-4　桁架中既然有些杆件为零杆，是否可将其从实际结构中去掉？为什么？

5-5　为什么结点法最适合于计算简单桁架？

5-6　怎样利用简单桁架和联合桁架的几何组成特点来计算桁架的内力？

5-7　如何区分梁式杆和二力杆？拉压杆一定是二力杆吗？二力杆与几何组成分析中的链杆有什么联系和区别？

5-8　请简述三铰拱的受力特点，并说明为何拱结构更适合用砖石材料建造。

5-9　什么是相当梁法？相当梁法有何优势？

5-10　三铰拱的支座反力和内力分别受到哪些因素影响？

5-11　请结合具体结构，从平面力系平衡的角度说明，为何分析二刚片或二元体规则构成的静定结构内力时，可按其几何组成过程的逆序寻求求解路径。

5-12　静定结构有哪些特性？请举例说明。

# 习题

5-1 填空

（1）如图 5-42 所示受荷的简支刚架，其 $C$ 截面左侧和右侧的剪力 $F_{QC左}$ 和 $F_{QC右}$ 分别为_____kN 和_____kN；弯矩 $M_C$ 的大小为_____kN·m，_____侧受拉。

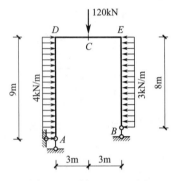

图 5-42  题 5-1（1）图

（2）如图 5-43 所示受荷的三铰刚架，其柱端弯矩 $M_{DA}=$_____kN·m，_____侧受拉；$M_{EB}=$_____kN·m，_____侧受拉。

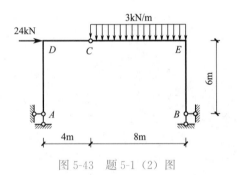

图 5-43  题 5-1（2）图

（3）如图 5-44 所示风载作用下的悬臂刚架，其梁端弯矩 $M_{BC}=$_____kN·m，_____侧受拉；左柱跨中截面弯矩 $M_E=$_____kN·m，_____侧受拉。

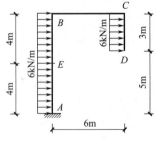

图 5-44  题 5-1（3）图

（4）如图 5-45 所示桁架，（a）图桁架属于＿＿＿＿桁架，（b）图桁架属于＿＿＿＿桁架。

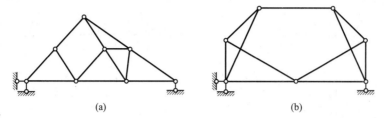

图 5-45　题 5-1（4）图

（5）如图 5-46 所示桁架，（a）图桁架中有＿＿＿＿根零杆，（b）图桁架中有＿＿＿＿根零杆。

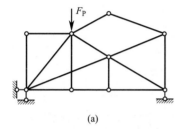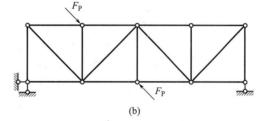

图 5-46　题 5-1（5）图

5-2　计算如图 5-47 所示刚架的内力，并绘制弯矩图、剪力图和轴力图。

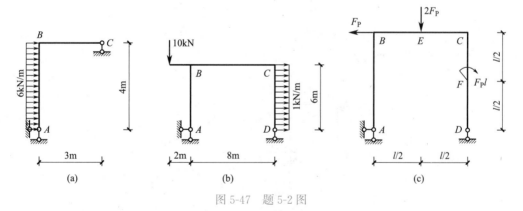

图 5-47　题 5-2 图

5-3　计算如图 5-48 所示刚架的内力，并绘制弯矩图、剪力图和轴力图。

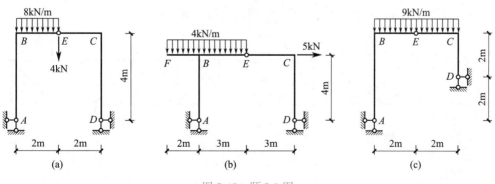

图 5-48　题 5-3 图

5-4 计算如图 5-49 所示刚架的内力，并绘制弯矩图、剪力图和轴力图。

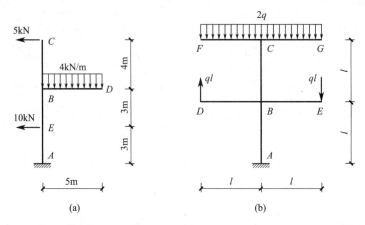

图 5-49 题 5-4 图

5-5 试用结点法计算如图 5-50 所示桁架各杆的内力。

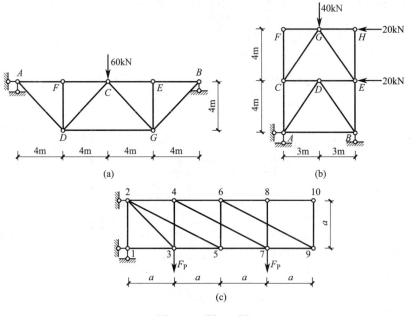

图 5-50 题 5-5 图

5-6 试用较简捷的方法计算如图 5-51 所示桁架中指定杆件的内力。

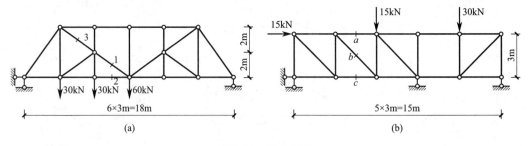

图 5-51 题 5-6 图

5-7　计算如图 5-52 所示各组合结构的内力，并绘其弯矩图和轴力图。

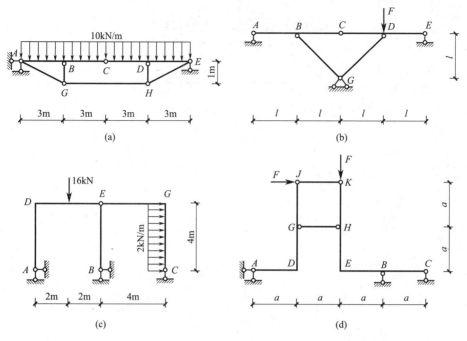

图 5-52　题 5-7 图

5-8　求如图 5-53 所示三铰拱中拉杆 EG 的内力 $F_N$ 和截面 D 的弯矩 $M_D$。已知拱轴线方程为 $y = \dfrac{4f}{l^2}x(l-x)$，$l = 14\text{m}$、$f = 4\text{m}$。

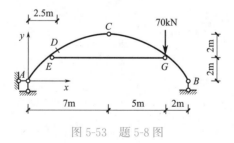

图 5-53　题 5-8 图

5-9　如图 5-54 所示三铰拱的轴线方程为 $y = \dfrac{4f}{l^2}x(l-x)$，$l = 16\text{m}$，求荷载 F 作用下的支反力及截面 D、E 的内力。

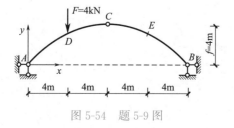

图 5-54　题 5-9 图

5-10 求如图 5-55 所示圆弧三铰拱的支反力和截面 $K$ 的内力。

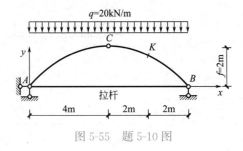

图 5-55 题 5-10 图

# 第 6 章　杆件的应力及强度计算

- 本章教学的基本要求：理解应力、应变的概念；理解低碳钢和铸铁等材料在拉伸和压缩时的力学性能；理解平截面假设；理解许用应力；掌握杆件在发生基本变形时横截面上的应力计算；熟练掌握杆件在发生基本变形时的强度计算；了解弯心的概念。
- 本章教学内容的重点：应力、应变的概念；杆件的应力计算及强度计算。
- 本章教学内容的难点：平截面假设；杆件在发生基本变形时横截面上应力计算公式的推导。
- 本章内容简介：

6.1　应力及应变的基本概念
6.2　轴向拉压杆横截面和斜截面上的应力
6.3　材料在拉伸与压缩时的力学性能
6.4　轴向拉压杆件的强度计算
6.5　连接件的实用计算
6.6　圆轴扭转的应力及强度计算
6.7　梁的应力及强度计算

## 6.1　应力及应变的基本概念

### 6.1.1　应力的概念

如第 4 章所述，内力是由"外力"引起的，仅表示某截面上分布内力向截面形心简化的结果。而构件的变形和强度不仅取决于内力，还取决于构件截面的形状和大小以及内力在截面上的分布情况。为此，需引入应力的概念。所谓应力是指截面上一点处单位面积内的分布内力，即内力集度。

图 6-1（a）所示某构件的 $m\text{-}m$ 截面上，围绕 $M$ 点取微小面积 $\Delta A$，假设 $\Delta A$ 上分布内力的合力为 $\Delta F$。于是，$\Delta A$ 上内力的平均集度为 $p_{\mathrm{m}}=\dfrac{\Delta F}{\Delta A}$，$p_{\mathrm{m}}$ 即为 $\Delta A$ 上的平均应力，可能随 $M$ 点的位置改变而改变。当 $\Delta A$ 趋于零时，$p_{\mathrm{m}}$ 的极限值

$$p =\lim_{\Delta A \to 0} \frac{\Delta F}{\Delta A} \tag{6-1}$$

即为 $M$ 点的总应力。一点的总应力 $p$ 是矢量，其方向是当 $\Delta A \to 0$ 时，内力 $\Delta F$ 的极限方向。

一般而言，一点的总应力 $p$ 既不与截面垂直，也不与截面相切。工程上习惯将一点的总应力 $p$ 分解为一个与截面正交的分量和一个与截面相切的分量，如图 6-1（b）所示。与截面

正交的应力分量称为**正应力**，用 $\sigma$ 表示；与截面相切的应力分量称为切应力，用 $\tau$ 表示。

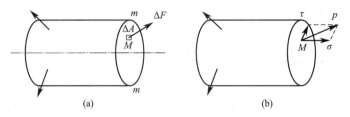

图 6-1　正应力和切应力

应力的正、负号规定：正应力 $\sigma$ 以拉应力为正，压应力为负；在平面问题中，切应力 $\tau$ 以使所作用的微段有顺时针方向转动趋势者为正，反之为负。

应力的量纲是 $[力]/[长度]^2$ ，在国际单位制中，常用的应力单位是帕斯卡或帕，用 Pa 表示，且 $1\mathrm{Pa}=1\mathrm{N/m}^2$ 。常用单位还有 kPa（千帕）、MPa（兆帕）、GPa（吉帕），$1\mathrm{GPa}=10^3\mathrm{MPa}=10^6\mathrm{kPa}=10^9\mathrm{Pa}$ ，而工程中常用 MPa 或 GPa（$1\mathrm{MPa}=1\mathrm{N/mm}^2$）。

### 6.1.2　应变的概念

当力作用在构件上时，将引起构件的形状和尺寸发生改变，这种变化定义为变形。一般而言，构件内部不同点处的变形可能是不相同的。围绕构件中某点 $A$ 截取一个微小的正六面体（单元体），如图 6-2（a）所示，可将其变形划分为下列两类：

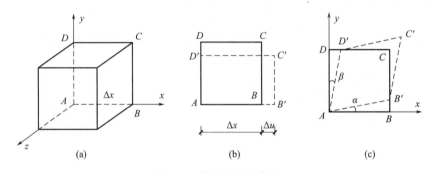

图 6-2　线应变和切应变

（1）沿各棱边方向的长度改变。设 $x$ 方向的棱边 $AB$ 长度为 $\Delta x$ ，变形后为 $\Delta x + \Delta u$ ，$\Delta u$ 为 $x$ 方向的线变形，如图 6-2（b）所示。定义极限：

$$\varepsilon_x = \lim_{\Delta x \to 0} \frac{\Delta u}{\Delta x} \tag{6-2}$$

为 $A$ 点处沿 $x$ 方向的**线应变**。简单地说，$\varepsilon_x$ 即是 $x$ 方向单位长度线段的伸长或缩短，$\varepsilon_x$ 为正时，微元线段伸长；反之，微元线段缩短。同样，可定义 $A$ 点处沿 $y$、$z$ 方向的线应变 $\varepsilon_y$、$\varepsilon_z$ 。线应变是无量纲的量，常用百分数来表示，如 $0.001\mathrm{m/m}=0.1\%$ 。在实际工程中，应变 $\varepsilon$ 的测量单位常用 $\mu\mathrm{m/m}$ 即 $\mu\varepsilon$ 来表示。因为 $1\mu\mathrm{m}=10^{-6}\mathrm{m}$ ，所以工程中所说的 $100\mu\varepsilon$ ，即 1m 长线段的伸缩量为 $100\mu\mathrm{m}$ ，即：$\varepsilon=100\times10^{-6}=0.01\%=100\mu\varepsilon$ 。

（2）棱边之间所夹直角的改变。直角的改变量定义为**切应变**或角应变，以 $\gamma$ 表示。以图 6-2（c）所示线段 $AB$、$AD$ 所成直角 $DAB$ 为例，其改变量为 $\alpha+\beta$ ，则 $\gamma_{xy}=\alpha+\beta$ 。

切应变也是无量纲的量，常用单位为弧度（rad），其正、负号规定为：直角变小时，$\gamma$ 取正；直角变大时，$\gamma$ 取负。

# 6.2　轴向拉压杆横截面和斜截面上的应力

## 6.2.1　横截面上的应力

取一等直杆，如图 6-3 所示，其横截面上的轴力 $F_N$ 可由截面法得出，而横截面上的应力大小，取决于横截面上荷载的分布规律。但横截上的分布荷载是看不见的，可以从杆件的变形研究入手。为此，在杆件的侧面画上垂直于杆轴线的横向线 $ab$ 和 $cd$，然后施加轴向力 $F$。我们所观察到的现象是：线段 $ab$ 和 $cd$ 分别平移到了 $a'b'$ 和 $c'd'$，而且它们仍保持为直线，并垂直于轴线。根据观察到的杆件外表面变形规律，可以推断杆件内部的变形规律：变形前原为平面的横截面，变形后仍保持为平面，且垂直于轴线。这就是轴向拉压时的平截面假设。

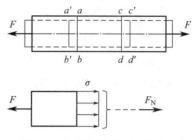

图 6-3　拉压杆横截面上的应力

据此也可推断：横截面上没有切向分布荷载，而只有法向分布荷载，且该法向分布荷载在横截面上是均匀的。按静力学求合力的方法，可得：

$$F_N = \int_A \sigma \mathrm{d}A = \sigma \int_A \mathrm{d}A = \sigma A$$

所以

$$\sigma = \frac{F_N}{A} \tag{6-3}$$

式（6-3）即为轴向拉压杆横截面上正应力的计算公式。

【例 6-1】图 6-4（a）所示一等截面柱，上端自由、下端固定，长为 $l$，横截面面积为 $A$，材料密度为 $\rho$，试分析该柱横截面上的应力沿柱长的分布规律。

解：由截面法，在距上端为 $x$ 截面上的轴力为

$$F_N(x) = -\rho g A x$$

再由式（6-3）可得

$$\sigma(x) = \frac{F_N(x)}{A} = -\rho g x$$

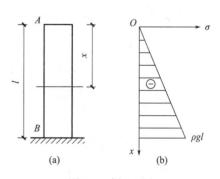

图 6-4　例 6-1 图

可见横截面上的正应力沿柱长呈线性分布。

$$\left.\begin{array}{l} x=0 \text{ 时}, \sigma(0)=\sigma_A=0 \\ x=l \text{ 时}, \sigma(l)=\sigma_B=\sigma_{\max}=-\rho g l \end{array}\right\}$$

$\sigma$ 沿柱长的分布规律如图 6-4（b）所示。

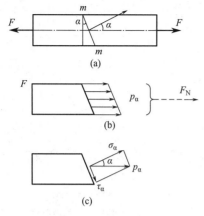

图 6-5　拉压杆斜截面上的应力

## 6.2.2　斜截面上的应力

在下一节拉伸与压缩试验中我们会看到，铸铁试件压缩时，其破坏面并非横截面，而是斜截面，这说明仅仅计算拉压杆横截面上的应力是不够的，还需全面了解杆件内的应力情况，研究任一斜截面上的应力。

图 6-5（a）所示一等直杆，其横截面面积为 $A$，下面来研究与横截面成 $\alpha$ 角的斜截面 $m$-$m$ 上的应力。此处方位角 $\alpha$ 以从横截面外法线到斜截面外法线逆时针向转动为正。沿 $m$-$m$ 截面处假想将杆截成两段，研究左侧部分，如图 6-5（b）所示，可得内力为

$$F_N = F$$

和横截面上正应力研究方法相似，也可以得出斜截面上的分布荷载是均匀的，故

$$p_\alpha = \frac{F_N}{A_\alpha}$$

式中，$A_\alpha$ 为斜截面 $m$-$m$ 的面积。因为 $A_\alpha = A/\cos\alpha$，所以

$$p_\alpha = \frac{F}{A}\cos\alpha = \sigma\cos\alpha \qquad (6\text{-}4)$$

式（6-4）中 $\sigma = F/A$ 为杆件横截面上的正应力。

将总应力 $p_\alpha$ 分解为正应力 $\sigma_\alpha$ 和切应力 $\tau_\alpha$，如图 6-5（c）所示，并利用式（6-4）可得

$$\left.\begin{array}{l} \sigma_\alpha = p_\alpha\cos\alpha = \sigma\cos^2\alpha = \dfrac{\sigma}{2}(1+\cos 2\alpha) \\[2mm] \tau_\alpha = p_\alpha\sin\alpha = \sigma\sin\alpha\cos\alpha = \dfrac{\sigma}{2}\sin 2\alpha \end{array}\right\} \qquad (6\text{-}5)$$

由式（6-5）可以看出，$\sigma_\alpha$ 和 $\tau_\alpha$ 随方位角 $\alpha$ 而改变，当 $\alpha = 0°$ 时即横截面上，$\sigma_\alpha$ 达到最大值 $\sigma$；绝对值最大的切应力发生在 $\alpha = \pm45°$ 的斜截面上，$|\tau|_{max} = |\tau_{\pm45°}| = \dfrac{\sigma}{2}$ 且该斜截面上的正应力 $\sigma_{\pm45°} = \dfrac{\sigma}{2}$。

# 6.3　材料在拉伸与压缩时的力学性能

材料的力学性能取决于材料的成分和组织结构，还与应力状态、温度和加载方式等因素有关。本节重点讨论常温、静载条件下金属材料在拉伸与压缩时的力学性能。

## 6.3.1　材料的拉伸与压缩试验

为了使不同材料的试验结果能进行对比，对于钢、铁和有色金属材料等，需将试验材料按《金属拉伸试

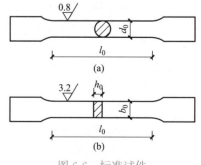

图 6-6　标准试件

验试样》的规定加工成标准试件，如图 6-6 所示，分为圆形试件和矩形试件。试件中部等直部分的长度为 $l_0$，称为原始标距，并记中部原始横截面面积为 $A_0$。$l_0$ 与 $\sqrt{A_0}$ 的比值为 5.65，称为短试件，若为 11.3，称为长试件。对于圆形试件，设中部直径为 $d_0$，则 $l_0 = 5d_0$ 称为五倍试件，$l_0 = 10d_0$ 称为十倍试件。

将试件装入材料试验机的夹头中，启动试验机开始缓慢加载，直至试件最后拉断。加载过程中，试件所受的轴向力 $F$ 可由试验机直接读出，而试件标距部分的伸长（称为轴向线变形，用 $\Delta l$ 表示）可由变形仪读出。根据试验过程中测得的一系列数据，可以绘出 $F$ 与 $\Delta l$ 之间的关系曲线，称为拉伸图或荷载-位移曲线。低碳钢的拉伸图，如图 6-7（a）所示。显然，拉伸图与试件的几何尺寸有关，为了消除其影响，用试件横截面上的正应力，即 $\sigma = F/A_0$ 作为纵坐标；而横坐标改为试件沿长度方向的线应变 $\varepsilon$ 表示（$\varepsilon$ 称为轴向线应变，可以假设试件标距部分为均匀伸长，则 $\varepsilon = \Delta l / l_0$）。于是可以绘出材料的 $\sigma$-$\varepsilon$ 图，称为应力-应变图。低碳钢的应力-应变图，如图 6-7（b）所示。

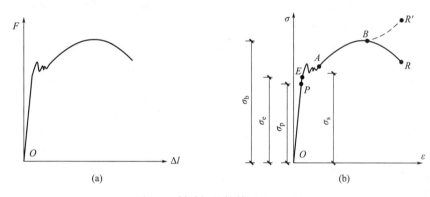

图 6-7　低碳钢的拉伸图和 $\sigma$-$\varepsilon$ 图

金属材料的压缩试验，试件一般制成短圆柱体。为了保证试验过程中试件不发生失稳，圆柱的高度取为直径的 1.5～3 倍。

### 6.3.2　低碳钢拉伸和压缩时的力学性能

低碳钢是工程中广泛使用的材料，其含碳量一般在 0.3％ 以下，其力学性能具有代表性。低碳钢的拉伸图和 $\sigma$-$\varepsilon$ 图如图 6-7 所示，现讨论其力学性能。

**1. 低碳钢拉伸时的力学性能**

（1）$\sigma$-$\varepsilon$ 图的四个阶段

① 弹性阶段。$\sigma$-$\varepsilon$ 图的初始阶段（OE 段），试件的变形是弹性变形。当应力超过 $E$ 点所对应的应力后，试件将产生塑性变形。我们将 OE 段最高点所对应的应力即只产生弹性变形的最大应力称为弹性极限，用 $\sigma_e$ 表示。

在弹性阶段中有很大一部分是直线（OP 段），$\sigma$ 与 $\varepsilon$ 成正比，即

$$\sigma = E\varepsilon \quad (\sigma \leqslant \sigma_p) \tag{6-6}$$

此即胡克定律，它是由英国科学家胡克（Hooke）于 1678 年率先提出的。式中的 $E$，即 OP 段的斜率，为材料的弹性模量，表示材料的弹性性质，其值由实验测定。弹性模量 $E$ 的量纲与应力量纲相同，常用单位是 GPa，如低碳钢的弹性模量为 200GPa 左右。式

（6-6）中的 $\sigma_p$ 为直线 $OP$ 段的最高点处的应力，称为比例极限。可见当 $\sigma \leqslant \sigma_p$ 时，$\sigma$ 与 $\varepsilon$ 成正比。对于低碳钢，$\sigma_p$ 与 $\sigma_e$ 的值相差不大，因此在工程应用中对二者不作严格区分。

② 屈服阶段。应力超过弹性极限后，试件中产生弹性变形和塑性变形，且应力达到一定数值后，应力会突然下降，然后在较小的范围内上下波动，应力-应变曲线大体呈水平但微有起落的锯齿状。如图 6-8（b）中的 $EA$ 段。这种应力基本保持不变，而应变却持续增长的现象称为**屈服**或**流动**，并把屈服阶段最低点对应的应力称为**屈服极限**，记作 $\sigma_s$（或 $\sigma_y$）。

表面经抛光的试件在屈服阶段，其表面出现与轴线大致成 45° 的倾斜条纹，称为滑移线。这是由于拉伸时，与轴线成 45° 截面上的最大切应力，使晶粒间相互滑移所留下的痕迹。

材料进入屈服阶段后将产生显著的塑性变形，这在工程构件中一般是不允许的，所以屈服极限 $\sigma_s$（或 $\sigma_y$）是衡量材料强度的重要指标。

③ 强化阶段。试件经过屈服后，又恢复了抵抗变形的能力，$\sigma$-$\varepsilon$ 图表现为一段上升的曲线（$AB$ 段）。这种现象称为**强化**，$AB$ 段即为强化阶段。强化阶段最高点 $B$ 所对应的应力，称为强度极限，记作 $\sigma_b$。

④ 局部变形阶段。试件在 $B$ 点之前，沿长度方向其变形基本上是均匀的，但是应力

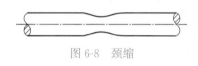

图 6-8 颈缩

超过 $\sigma_b$ 后，试件的某一局部范围内变形急剧增加，横截面面积显著减小，形成如图 6-8 所示的"颈"，该现象称为颈缩。由于颈部横截面面积急剧减小，使试件变形增加所需的拉力在下降，所以按原始面积算出的应力（即 $\sigma = F/A$，称为名义应力）随之下降，如图 6-7 中 $BR$ 段，到 $R$ 点试件被拉断。其实，此阶段的真实应力（即颈部横截面上的应力）随变形增加仍是不断增大的，如图 6-7（b）中的虚线 $BR'$ 所示。

（2）两个塑性指标

试件拉断后，弹性变形全部消失，而塑性变形保留下来，工程中常用以下两个量作为衡量材料塑性变形能力的指标，即

① 延伸率。设试件拉断后标距长度为 $l_1$，原始长度为 $l_0$，则延伸率 $\delta$ 定义为

$$\delta = \frac{l_1 - l_0}{l_0} \times 100\% \tag{6-7}$$

② 断面收缩率。设试件标距范围内的横截面面积为 $A_0$，拉断后颈部的最小横截面面积为 $A_1$，则断面收缩率定义为

$$\psi = \frac{A_0 - A_1}{A_0} \times 100\% \tag{6-8}$$

$\delta$ 和 $\psi$ 越大，说明材料的塑性变形能力越强。工程中将十倍试件的延伸率 $\delta \geqslant 5\%$ 的材料称为塑性材料，而把 $\delta < 5\%$ 的材料称为脆性材料，如低碳钢的延伸率约为 $20\% \sim 30\%$，是一种典型的塑性材料。

（3）卸载定律及冷作硬化

当加载到强化阶段的任一点，如图 6-9 中的 $m$ 点，然后缓慢卸载，试验表明，$\sigma$-$\varepsilon$ 曲线将沿直线 $mn$ 到达 $n$ 点，且直线 $mn$ 与初始加载时的直线 $OP$ 平行，则卸载过程中卸去的应力与卸去的变形也保持为线性关系，即

$$\sigma' = E\varepsilon' \tag{6-9}$$

此即卸载定律。外力全部卸去后，图 6-9 中 $On$ 段表示 $m$ 点时试件中的塑性应变，而 $nk$ 段表示试件中的弹性变形。

若卸载后立即再次加载，$\sigma$-$\varepsilon$ 曲线将沿直线 $nm$ 发展，到 $m$ 点后大致沿曲线 $mBR$ 变化，直到试件破坏。可见，第二次加载时，材料的比例极限提高到 $m$ 点对应的应力，因为 $nm$ 段的 $\sigma$、$\varepsilon$ 都是线性关系。这种现象称为冷作硬化。

若第一次卸载到 $n$ 点后，让试件"休息"几天后再加载，重新加载时 $\sigma$-$\varepsilon$ 曲线将沿 $nmm'B'R''$（图 6-9）发展，材料获得更高的比例极限和强度极限，这种现象称为冷拉时效。冷作硬化和冷拉时效虽然能提高材料的强度，但降低了材料的塑性性能，且不能提高抗压强度指标。

**2. 低碳钢压缩时的力学性能**

低碳钢压缩时的 $\sigma$-$\varepsilon$ 曲线如图 6-10 中实线所示。试验表明，其弹性模量 $E$、屈服极限 $\sigma_s$ 与拉伸时基本相同，但流幅较短。屈服结束以后，试件抗压力不断提高，既没有颈缩现象，也测不到抗压强度极限，最后被压成腰鼓形甚至饼状。

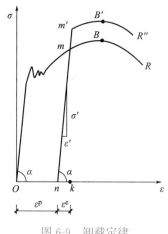

图 6-9　卸载定律

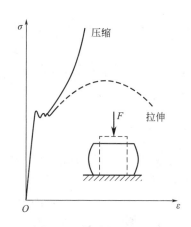

图 6-10　低碳钢压缩试验

## 6.3.3　铸铁在拉伸和压缩时的力学性能

铸铁试件外形与低碳钢试件相同，其 $\sigma$-$\varepsilon$ 曲线如图 6-11 所示。铸铁拉伸时的 $\sigma$-$\varepsilon$ 曲线没有明显的直线部分，也没有明显的屈服和颈缩现象。工程中约定其弹性模量 $E$ 为 $150 \sim 180$GPa，而且遵循胡克定律。试件的破坏形式是沿横截面拉断，是材料内的内聚力小于拉应力所致。铸铁拉伸时的延伸率 $\delta = 0.4\% \sim 0.5\%$，是典型的脆性材料。抗拉强度极限 $\sigma_b^t$ 等于 150MPa 左右。

铸铁压缩破坏时，其断面法线与轴线大致成 $45° \sim 55°$，是斜截面上的切应力所致。铸铁抗压强度极限 $\sigma_b^c$ 等于 800MPa 左右，说明其抗压能力远远大于抗拉能力。

对于工程中常用的没有明显屈服阶段的塑性材料，如硬铝、青铜、高强钢等，国家标准规定，试件卸载后有 0.2% 的塑性应变时的应力值作为名义屈服极限，用 $\sigma_{0.2}$ 表示（图 6-12）。

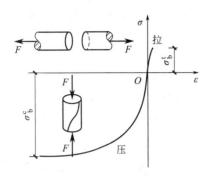
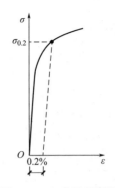

图 6-11　铸铁的拉伸和压缩试验　　　　　图 6-12　名义屈服极限

综上所述，塑性材料的延性较好，对于冷压冷弯之类的冷加工性能比脆性材料好，同时由塑性材料制成的构件在破坏前常有显著的塑性变形，所以承受动荷载能力较强。脆性材料如铸铁、混凝土、砖、石等延性较差，但其抗压强度较强，且价格低廉，易于就地取材，所以常用于基础等受压构件或机器设备的底座。

# 6.4　轴向拉压杆件的强度计算

上两节我们学习了杆件在拉伸和压缩时的应力计算，以及材料的力学性能，本节将在此基础上学习强度计算。

## 6.4.1　许用应力

材料发生断裂或出现明显的塑性变形而丧失正常工作能力时的状态为极限状态，此时的应力为极限应力，用 $\sigma^0$ 表示。对于脆性材料，$\sigma^0 = \sigma_b$，因为应力达到强度极限 $\sigma_b$ 时会发生断裂。对于塑性材料，$\sigma^0 = \sigma_s$，因为应力达到屈服极限 $\sigma_s$ 时虽未断裂，但是构件中出现显著的塑性变形，影响构件正常工作。

由于极限应力 $\sigma^0$ 的测定是近似的而且构件工作时的应力计算理论有一定的近似性，所以不能把 $\sigma^0$ 直接作为强度计算的控制应力。为安全起见，应把极限应力 $\sigma^0$ 除以一个大于 1 的系数 $n$，作为构件工作时允许产生的最大应力值，即

$$[\sigma] = \frac{\sigma^0}{n} \tag{6-10}$$

式中，$[\sigma]$ 称为许用应力；$n$ 称为安全因数，$n>1$。

安全因数 $n$ 的确定需考虑诸多因素，如计算简图、荷载、构件工作状况及构件的重要性等，常由国家指定专门机构确定。

## 6.4.2　强度计算

轴向拉压杆危险截面（最大正应力所在截面）上的正应力应该不超过材料的许用应力，即

$$\sigma_{\max} = \left| \frac{F_N}{A} \right|_{\max} \leqslant [\sigma] \tag{6-11}$$

此即为轴向拉压杆的强度条件。

根据强条件，可以解决以下三种强度计算问题：

（1）强度校核

已知杆件几何尺寸、荷载以及材料的许用应力 $[\sigma]$，由式（6-11）判断其强度是否满足要求。若 $\sigma_{max}$ 超过 $[\sigma]$ 但在 5% 的范围内，工程中仍认为满足强度要求。

（2）设计截面

已知杆件材料的许用应力 $[\sigma]$ 及荷载，确定杆件所需的最小横截面面积，即

$$A \geqslant \frac{F_N}{[\sigma]} \tag{6-12}$$

（3）确定许用荷载

已知杆件材料的许用应力 $[\sigma]$ 及杆件的横截面面积，确定许用荷载，即

$$F_N \leqslant A[\sigma] \tag{6-13}$$

【例 6-2】图 6-13（a）所示三角托架的结点 $B$ 受一重物 $F = 10kN$，杆①为钢杆，长 1m，横截面面积 $A_1 = 600mm^2$，许用应力 $[\sigma]_1 = 160MPa$；杆②为木杆，横截面面积 $A_2 = 10000mm^2$，许用应力 $[\sigma]_2 = 7MPa$。（1）试校核三角托架的强度；（2）试求结构的许用荷载 $[F]$；（3）当外力 $F = [F]$ 时，重新选择杆的截面面积。

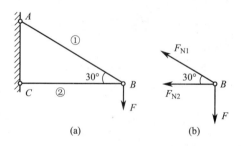

图 6-13　三角托架

解：（1）取结点 $B$ 为分离体，由图 6-13（b）可得

$$F_{N1} = 2F = 20kN \tag{a}$$

$$F_{N2} = -\sqrt{3}F = -17.3kN \tag{b}$$

由强度条件即式（6-11）

$$\sigma_1 = \frac{F_{N1}}{A_1} = \frac{20 \times 10^3 N}{600mm^2} = 33.3MPa < [\sigma]_1 = 160MPa$$

$$\sigma_2 = \left| \frac{F_{N2}}{A_2} \right| = \frac{17.3 \times 10^3 N}{10000mm^2} = 1.73MPa < [\sigma]_2 = 7MPa$$

故该三角托架的强度满足要求。

（2）考察①杆，其许用轴力 $[F_{N1}]$ 为

$$[F_{N1}] = A_1[\sigma]_1 = 600mm^2 \times 160MPa = 9.6 \times 10^4 N = 96kN$$

当①杆的强度被充分发挥时，即 $F_{N1} = [F_{N1}]$，由式（a）可得

$$[F]_1 = \frac{1}{2}F_{N1} = \frac{1}{2}[F_{N1}] = 48kN \tag{c}$$

同理，考察②杆，其许用轴力 $[F_{N2}]$ 为

$$[F_{N2}]=A_2[\sigma]_2=10000\mathrm{mm}^2\times7\mathrm{MPa}=70000\mathrm{N}=70\mathrm{kN}$$

当②杆的强度被充分发挥时，由式（b）可得

$$[F]_2=\frac{1}{\sqrt{3}}F_{N2}=\frac{1}{\sqrt{3}}[F_{N2}]=40.4\mathrm{kN} \tag{d}$$

由式（c）和式（d），可得托架的许用荷载为

$$[F]=[F]_2=40.4\mathrm{kN}$$

（3）外力 $F=[F]$ 时，②杆的强度已经被充分发挥，所以面积 $A_2$ 不变。而①杆此时的轴力 $F_{N1}<[F_{N1}]$，重新计算其截面，由式（6-12）

$$A_1\geqslant\frac{F_{N1}}{[\sigma]_1}$$

而 $F_{N1}=2F=2[F]$，所以

$$A_1=\frac{2[F]}{[\sigma]_1}=\frac{2\times40.4\times10^3\mathrm{N}}{160\mathrm{MPa}}=505\mathrm{mm}^2$$

# 6.5 连接件的实用计算

实际工程中许多结构或结构部件是由若干构件组合而成的。连接的作用就是通过一定的手段将不同的构件组合成整体结构或结构部件，以保证其共同工作。连接件就是起着上述连接作用的部件，例如螺栓、铆钉、销钉、键、焊缝、榫头等，如图 6-14 所示。连接部位的受力往往非常复杂，除了拉断以外，连接的破坏形式主要是剪切破坏和挤压破坏。本节以铆钉连接为例，介绍连接件的实用计算方法。

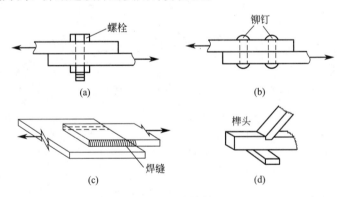

图 6-14 连接件

## 6.5.1 剪切的实用计算

图 6-15（a）所示 A 板和 B 板以端头相搭，并用铆钉（或螺栓）铆住的连接形式称为搭接。搭接中铆钉的受力分析如图 6-15（b）所示。因为铆钉杆的长度一般不大，可以认为铆钉杆的两侧分别受到大小相等、方向相反、作用线相距很近的两组横向外力的作用。当外力 F 足够大时，铆钉将沿 $m\text{-}m$ 截面发生相对错动，如图 6-15（c）所示，即铆钉发生了剪切破坏。$m\text{-}m$ 截面称为剪切面。根据截面法，取下半部分铆钉为分离体，如图 6-15（d）所示，则剪切面 $m\text{-}m$ 上有内力——剪力 $F_s$，且 $F_s=F$。

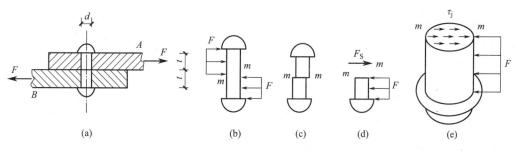

图 6-15  剪切的实用计算

在实用计算中，假设与剪力 $F_S$ 对应的切应力 $\tau_j$ 在剪切面 $m\text{-}m$ 上是均匀分布的，如图 6-15（e）所示，则

$$\tau_j = \frac{F_S}{A_j} \tag{6-14}$$

式中，$A_j$ 为剪切面的面积。以上述铆钉为例，其剪切面上的切应力为：$\tau_j = \dfrac{F}{\pi d^2/4}$，$d$ 为铆钉杆直径。

强度计算方法：由剪切破坏试验可以测出材料的极限切应力 $\tau_j^0$，再除以安全因数 $n$ 得到许用切应力 $[\tau_j]$，则剪切强度条件为

$$\tau_j = \frac{F_S}{A_j} \leqslant [\tau_j] \tag{6-15}$$

式中，$[\tau_j]$ 为连接件所用材料的许用切应力。

### 6.5.2  挤压的实用计算

前述搭接中，$A$、$B$ 板在一对外力 $F$ 作用下，是通过铆钉和两板之间的相互挤压来实现力的传递。如果外力足够大，铆钉或板上接触面邻近的材料将产生大量塑性变形而出现挤压破坏，如图 6-16（a）所示。$A$ 板与铆钉之间接触并传递力的面是图 6-16（b）所示半个圆柱面，称为挤压面，其面积用 $A_{bs}$ 表示。挤压面上所传递的压力称为挤压力，用 $F_{bs}$ 表示。挤压面上所产生的正应力称为挤压应力，用 $\sigma_{bs}$ 表示。图 6-16（b）所示挤压面为半个圆柱面时，其上挤压应力的分布比较复杂。

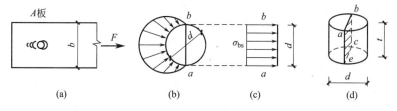

图 6-16  挤压的实用计算

在实用计算中，用实际挤压面沿挤压方向的正投影面（图 6-16d 所示圆柱的直径面 $abce$）替代实际挤压面，称为计算挤压面，并假设挤压力在计算挤压面上均匀分布。设 $A$ 板的厚度为 $t$，则 $A$ 板和铆钉之间的挤压应力为

$$\sigma_{bs}=\frac{F_{bs}}{A_{bs}}=\frac{F}{d \cdot t} \tag{6-16}$$

于是，挤压强度条件为

$$\sigma_{bs}=\frac{F_{bs}}{A_{bs}}\leqslant[\sigma_{bs}] \tag{6-17}$$

式中，$[\sigma_{bs}]$ 为材料的许用挤压应力。

**【例 6-3】** 图 6-17（a）所示一吊具，由销轴将吊钩与吊板连接而成。已知 $F=40$kN，销轴直径 $d=22$mm，$t_1=20$mm，$t_2=12$mm，销轴材料的许用切应力 $[\tau_j]=60$MPa，许用挤压应力 $[\sigma_{bs}]=120$MPa。试校核销轴的强度。

**解：** 首先分析销轴的受力，如图 6-17（b）所示，可见销轴有两个剪切面 Ⅰ、Ⅱ 同时存在，我们称为双剪。由图 6-17（c）可得，$F_S=F/2$，$A_j=\frac{1}{4}\pi d^2$，则

$$\tau_j=\frac{F_S}{A_j}=\frac{F/2}{\pi d^2/4}=\frac{2\times40\times10^3\text{N}}{\pi\times(22\text{mm})^2}=52.6\text{MPa}<[\tau_j]$$

所以销轴满足抗剪强度条件。

现校核挤压强度。因为 $t_1=20$mm$<2t_2=24$mm，所以只需校核销轴中部的强度即可。则

$$\sigma_{bs}=\frac{F_{bs}}{A_{bs}}=\frac{F}{d \cdot t_1}=\frac{40\times10^3\text{N}}{22\text{mm}\times20\text{mm}}=90.9\text{MPa}<[\sigma_{bs}]$$

故销轴的强度满足要求。

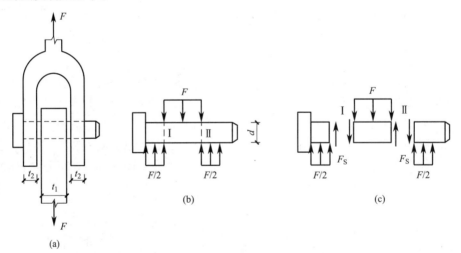

图 6-17 例 6-3 图

## 6.6 圆轴扭转的应力及强度计算

### 6.6.1 扭转试验及假设

取一等截面圆轴，在其表面等间距地画上纵向线和圆周线，形成大小相同的网格（图

6-18a)。在两端施加力偶 $M_e$ 后,从试验中观察到的现象是:各圆周线的形状、大小及间距不变,仅绕轴线作相对转动;在小变形情况下,各纵向线仍近似是直线,只是倾斜了一个微小的角度;变形前表面的矩形网格,变形后变成平行四边形,图 6-18(b)所示。

　　根据上述试验现象,由表及里,做出如下推断:因任意相邻圆周线之间的间距不变,故横截面上无正应力;因圆周线绕轴线相对转动,且轴线不动,故横截面上必有切应力存在,其方向垂直于半径。据此,可以作出圆轴扭转时的平截面假设:横截面在变形后仍保持为平面,其形状和大小也不变,且半径仍为直线。

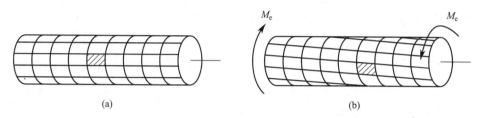

图 6-18　扭转试验

## 6.6.2　圆轴扭转时横截面上的应力

在平截面假设的基础上,现从几何、物理和静力学三方面进一步分析。

### 1. 几何方面

　　现用相距为 $\mathrm{d}x$ 的两个横截面以及夹角微小的两个径向截面从轴中切取一个微小的楔形体,如图 6-19(a)所示,其变形如图 6-19(b)所示,表面层 $ABCD$ 变为 $ABC'D'$,距轴线为 $\rho$ 处的矩形 $abcd$ 变为平行四边形 $abc'd'$。$a$ 点处直角 $\angle bad$ 变为 $\angle bad'$,其改变量 $\angle dad'$ 即是切应变,设为 $\gamma_\rho$。$\angle DO_2D'$ 代表楔形体左右两截面相对转过的角度,称为相对扭转角,用 $\mathrm{d}\varphi$ 表示。$\varphi$ 是衡量两个截面间相对转动大小的物理量,表述时常用下标来表示这两个截面,如图 6-20 所示圆轴,$\varphi_{AB}$ 和 $\varphi_{AC}$ 分别表示 $A$、$B$ 两截面间和 $A$、$C$ 两截面间的扭转角。

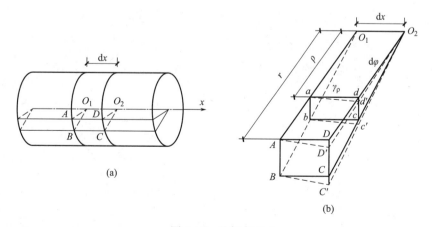

图 6-19　几何方面

由图 6-19(b),通过几何分析,可得

$$\gamma_\rho = \frac{\overline{dd'}}{\overline{ad}} = \frac{\rho \cdot d\varphi}{dx} = \rho \cdot \frac{d\varphi}{dx} \tag{a}$$

式中，$\dfrac{d\varphi}{dx}$ 为扭转角沿轴线方向的变化率，令 $\dfrac{d\varphi}{dx} = \theta$ 称为单位长度扭转角，表示扭转变形程度。在同一横截面上，$\dfrac{d\varphi}{dx}$ 是常数，可见 $\gamma_\rho$ 与 $\rho$ 成正比。

2. 物理方面

对于线弹性材料，试验表明，当切应力不超过材料的剪切比例极限 $\tau_p$ 时，切应力 $\tau$ 与切应变 $\gamma$ 保持线性关系，图 6-21 所示低碳钢试件测得的 $\tau$ - $\gamma$ 图，可得

$$\tau = G\gamma \qquad (\tau \leqslant \tau_p) \tag{6-18}$$

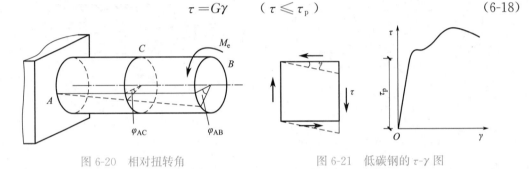

图 6-20　相对扭转角　　　　　　　图 6-21　低碳钢的 $\tau$-$\gamma$ 图

此式即为剪切胡克定律。比例系数 $G$ 称为切变模量，量纲与应力量纲相同，常用单位为 GPa。

由式（a）和式（6-18），可得横截面上半径为 $\rho$ 处的切应力为

$$\tau_\rho = G\rho \frac{d\varphi}{dx} \tag{b}$$

于是横截面上任一点的 $\tau_\rho$ 与半径垂直，沿半径方向呈线性变化，图 6-22 所示为实心和空心圆截面扭转切应力在横截面上的分布规律。

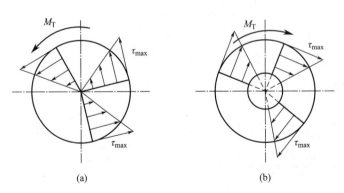

(a)　　　　　　　　　　(b)

图 6-22　实心圆截面和空心圆截面的扭转切应力

3. 静力学方面

由图 6-23 不难写出内力扭矩 $M_T$ 与 $dF = \tau_\rho \cdot dA$ 之间的静力学关系：

$$M_T = \int_A \rho \cdot dF = \int_A \rho \cdot G\rho \frac{d\varphi}{dx} dA \tag{c}$$

因为 $G$ 和 $\mathrm{d}\varphi/\mathrm{d}x$ 与积分区域无关，且 $I_\mathrm{p}=\displaystyle\int_A \rho^2\,\mathrm{d}A$（见本书附录），所以

$$M_\mathrm{T}=G\,\frac{\mathrm{d}\varphi}{\mathrm{d}x}I_\mathrm{p}$$

则

$$\frac{\mathrm{d}\varphi}{\mathrm{d}x}=\frac{M_\mathrm{T}}{GI_\mathrm{p}} \tag{d}$$

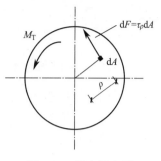

图 6-23　静力学方面

上式代入式（b），得

$$\tau_\rho=\frac{M_\mathrm{T}}{I_\mathrm{p}}\rho \tag{6-19}$$

此即圆轴扭转时横截面上的切应力计算公式。显然，最大切应力 $\tau_{\max}$ 发生在危险截面的 $\rho_{\max}$ 处即横截面边缘，即

$$\tau_{\max}=\frac{M_\mathrm{T}}{I_\mathrm{p}}\rho_{\max}=\frac{M_\mathrm{T}}{I_\mathrm{p}/\rho_{\max}}$$

令 $I_\mathrm{p}/\rho_{\max}=W_\mathrm{p}$，有

$$\tau_{\max}=\frac{M_\mathrm{T}}{W_\mathrm{p}} \tag{6-20}$$

式中，$W_\mathrm{p}$ 称为**抗扭截面系数**或**抗扭截面抵抗矩**，其量纲为 $[长度]^3$。对于实心圆截面，设直径为 $d$，$\rho_{\max}=d/2$，则

$$W_\mathrm{p}=\frac{I_\mathrm{p}}{\rho_{\max}}=\frac{\dfrac{\pi d^4}{32}}{\dfrac{d}{2}}=\frac{\pi d^3}{16} \tag{6-21}$$

对于空心圆截面，内、外径分别为 $d$ 和 $D$，令 $\alpha=d/D$，则

$$W_\mathrm{p}=\frac{\dfrac{\pi}{32}(D^4-d^4)}{D/2}=\frac{\pi D^3}{16}\left[1-\left(\frac{d}{D}\right)^4\right]=\frac{\pi D^3}{16}(1-\alpha^4) \tag{6-22}$$

### 6.6.3　切应力互等定理

从受扭圆轴中取一微元体（单元体），如图 6-24 所示，其左、右两侧面上只有切应力 $\tau$，合力均为 $\tau\cdot\mathrm{d}y\mathrm{d}z$，构成一力偶，其矩为 $(\tau\mathrm{d}y\mathrm{d}z)\cdot\mathrm{d}x$。因为单元体处于平衡状态，所以上、下两面上也存在大小相等、方向相反的切应力，设为 $\tau'$，且 $\tau'$ 的合力构成的力偶与前述力偶平衡，即

$$(\tau\mathrm{d}y\mathrm{d}z)\cdot\mathrm{d}x=(\tau'\mathrm{d}x\mathrm{d}z)\cdot\mathrm{d}y$$

于是

$$\tau'=\tau \tag{6-23}$$

以上推证的结论为：在微体的两个相互垂直截面上，垂直于两截面交线的切应力总是成对出现的，且大小相等，方向均指向或背离两截面的交线。此即**切**

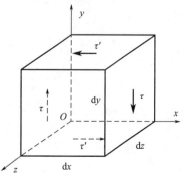

图 6-24　切应力互等定理

应力互等定理。

图 6-24 所示单元体四个侧面上只存在切应力而无正应力的情况称为纯剪切应力状态。

### 6.6.4 扭转圆轴的强度计算

与轴向拉压杆的强度计算方法相似，圆转扭转时可以通过扭转试验测定材料的极限应力 $\tau^0$（对于塑性材料，$\tau^0$ 取扭转屈服极限 $\tau_s$；对于脆性材料，$\tau^0$ 取扭转强度极限 $\tau_b$），再考虑安全储备，可得许用切应力

$$[\tau] = \frac{\tau^0}{n} \tag{6-24}$$

式中 $n$ 为安全因数，据此可得圆轴扭转时的强度条件：

$$\tau_{max} = \frac{M_{T,max}}{W_p} \leqslant [\tau] \tag{6-25}$$

式（6-25）也可解决三个方面的问题，即强度校核、设计截面和确定许用荷载。

【例 6-4】某实心圆轴，承受最大扭矩为 2kN·m，材料的许用切应力 $[\tau]=40$MPa，直径 $d=64$mm。（1）校核该轴的强度；（2）若改用空心圆轴，且内、外径之比 $\alpha=0.85$，确定截面尺寸，并比较两种截面的材料用量。

解：（1）由题意知，$M_{T,max}=2$kN·m，由式（6-25）可得

$$\tau_{max} = \frac{M_{T,max}}{W_p} = \frac{M_{T,max}}{\frac{\pi}{16}d^3} = \frac{2\times10^6\text{N}\cdot\text{mm}}{\frac{\pi}{16}\times(64\text{mm})^3} = 38.9\text{MPa} < [\tau]=40\text{MPa}$$

实心轴满足强度要求。

（2）设空心轴内、外直径为 $d_1$ 和 $D_1$（$d_1/D_1=0.85$），由式（6-25）和式（6-22）可得

$$\tau_{max} = \frac{M_{T,max}}{W_p} = \frac{M_{T,max}}{\frac{\pi D_1^3}{16}(1-\alpha^4)} \leqslant [\tau]$$

解出

$$D_1 \geqslant \sqrt[3]{\frac{16\times2\times10^6\text{N}\cdot\text{mm}}{\pi\times(1-0.85^4)\times40\text{MPa}}} = 81.1\text{mm}$$

所以取 $D_1=82$mm，$d_1=\alpha D_1 \approx 70$mm。

比较用量：设实心截面轴和空心截面轴的体积分别为 $V$ 和 $V_1$，因为两轴长度相同，所以

$$\frac{V}{V_1} = \frac{\frac{\pi}{4}d^2}{\frac{\pi}{4}(D_1^2-d_1^2)} = \frac{(64\text{mm})^2}{(82\text{mm})^2-(70\text{mm})^2} = 2.2$$

这说明空心轴的重量轻，截面更合理。

## 6.7 梁的应力及强度计算

在第 4 章中我们学习了梁的内力即 $F_S$ 和 $M$ 的计算，为了解决梁的强度问题，须研究

横截面上的应力。根据 $F_S$、$M$ 的概念，$M$ 是横截面上的正应力 $\sigma$ 的合力偶，$F_S$ 是横截面上的切应力 $\tau$ 的合力。本节先讨论梁横截面上的正应力，再讨论切应力，最后学习梁的强度计算。

### 6.7.1　梁的正应力

首先从纯弯曲入手，推导出正应力计算公式，再推广到一般的横力弯曲。所谓纯弯曲，是指梁或梁段的横截面上剪力为零，而弯矩为常数。图 6-25 所示梁的 $CD$ 段即为纯弯曲。该梁的 $AC$ 段和 $DB$ 段，其横截面上既有弯矩又有剪力，即为横力弯曲。

**1. 试验及假设**

取矩形截面橡皮梁，加力前，在梁的侧面画上等间距的水平纵向线和等间距的横向线，如图 6-26（a）所示。然后对称加载使梁中间一段发生纯弯曲变形，如图 6-26（b）所示，可观察到以下现象：

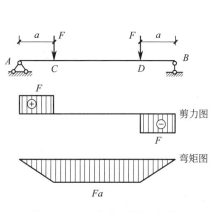

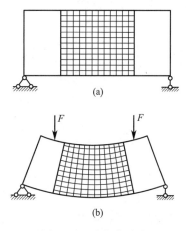

图 6-25　纯弯曲和横力弯曲　　　　　　图 6-26　纯弯曲试验

（1）纵向线由相互平行的水平直线变为相互平行的曲线，上部的纵向线缩短，下部的纵向线伸长，且纵向线之间的间距无改变；

（2）横向线变形后仍保持为直线，但发生了相对转动，且与变形后的纵向线垂直。

根据上述现象，由表及里，可以作出如下假设：

（1）梁的横截面在变形后仍保持为平面，并与变形后的轴线垂直，只是转动了一个角度。这就是梁弯曲变形时的平截面假设。

（2）设想梁是由许多层与上、下底面平行的纵向纤维叠加而成，变形后，这些纤维层发生了纵向伸长或缩短，但相邻纤维层之间无横向挤压，称为纵向纤维层间互不挤压假设。

梁的上部纤维层缩短，下部纤维层伸长，则中部某处必然有一层纤维的长度不变，这一层纤维称为中性层。中性层与横截面的交线称为中性轴，如图 6-27 所示。

**2. 纯弯曲正应力公式推导**

下面从几何、物理和静力学等三方面入手推导正应力公式。

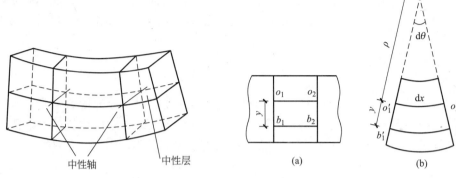

中性轴     中性层

图 6-27　中性层与中性轴　　　　　　　　图 6-28　几何方面

（1）几何方面

如图 6-28（a）所示从纯弯曲梁中取微段 $\mathrm{d}x$ 研究，其变形后如图 6-28（b）所示。设中性层为 $o_1o_2$，变形后为 $o_1'o_2'$，其长度仍为 $\mathrm{d}x$，且 $\mathrm{d}x = \rho\,\mathrm{d}\theta$，$\rho$ 为中性层的曲率半径。现研究距中性层为 $y$ 的任一层纤维 $b_1b_2$ 的纵向线应变：

$$\varepsilon = \frac{\overline{b_1'b_2'} - \overline{bb}}{\overline{bb}} = \frac{\overline{b_1'b_2'} - \overline{o_1o_2}}{\overline{o_1o_2}} = \frac{\overline{b_1'b_2'} - \overline{o_1'o_2'}}{\overline{o_1'o_2'}} = \frac{(\rho + y)\mathrm{d}\theta - \rho\,\mathrm{d}\theta}{\rho\,\mathrm{d}\theta}$$

可得

$$\varepsilon = \frac{y}{\rho} \tag{a}$$

上式表明，纵向线应变与点到中性层的距离成正比，与中性层的曲率半径成反比。

（2）物理方面

由前述假设（2）可知，梁中各层纤维之间无横向挤压，即各层纤维处于单向受力状态，则由胡克定律

$$\sigma = E\varepsilon = E\frac{y}{\rho} \tag{b}$$

（3）静力学方面

从纯弯曲段中任取一横截面，设中性轴为 $z$，建立图 6-29 所示的坐标系。在横截面上取微面积 $\mathrm{d}A$，其上正应力合力为 $\sigma\mathrm{d}A$。各处的 $\sigma\mathrm{d}A$ 形成一个与横截面垂直的空间平行力系，其简化结果应与该截面上的内力相对应，即

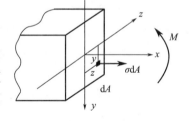

图 6-29　静力学方面

$$\begin{cases} F_{\mathrm{N}} = \displaystyle\int_A \sigma\mathrm{d}A = 0 & \text{(c)} \\[2mm] M_y = \displaystyle\int_A z\sigma\mathrm{d}A = 0 & \text{(d)} \\[2mm] M_z = \displaystyle\int_A y\sigma\mathrm{d}A = M & \text{(e)} \end{cases}$$

由式（b）和式（c），可得

$$F_{\mathrm{N}} = \int_A \frac{E}{\rho}y\mathrm{d}A = \frac{E}{\rho}\int_A y\mathrm{d}A = 0$$

因为 $E/\rho$ 不为零，所以 $\int_A y\,\mathrm{d}A = S_z = 0$，则说明中性轴 $z$ 是形心轴。

再由式（d），可得

$$M_y = \int_A \frac{E}{\rho} yz\,\mathrm{d}A = \frac{E}{\rho}\int_A yz\,\mathrm{d}A = \frac{E}{\rho}I_{yz} = 0$$

所以

$$I_{yz} = 0 \tag{f}$$

上式表明，中性轴 $z$ 是主轴，而中性轴又是形心轴，所以中性轴是横截面的形心主轴。

最后由式（e）

$$M_z = \int_A \frac{E}{\rho} y^2\,\mathrm{d}A = \frac{E}{\rho}\int_A y^2\,\mathrm{d}A = \frac{E}{\rho}I_z = M$$

所以

$$\frac{1}{\rho} = \frac{M}{EI_z} \tag{6-26}$$

上式说明，中性层曲率 $1/\rho$ 与 $M$ 成正比，与 $EI_z$ 成反比。$EI_z$ 称为梁的抗弯刚度，表示梁抵抗弯曲变形的能力。式（6-26）是计算梁变形的基本公式。

将式（6-26）代入式（b），可得纯弯曲时横截面上正应力公式：

$$\sigma = \frac{M}{I_z}y \tag{6-27}$$

式中　$M$——欲求正应力点所在横截面上的弯矩；

　　　$I_z$——截面对中性轴的惯性矩；

　　　$y$——所求应力点的 $y$ 坐标值。

由式（6-27）可看出，在某一横截面上，$M$ 和 $I_z$ 为常数，所以 $\sigma$ 与 $y$ 成正比，即正应力沿横截面高度方向呈线性变化规律，如图 6-30 所示。中性轴将横截面分成两部分，一部分受拉，另一部分受压。

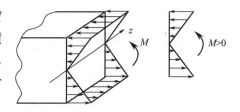

图 6-30　横截面上的正应力分布规律

由式（6-27）可知，$\sigma_{\max}$ 发生在离中性轴最远处，即

$$\sigma_{\max} = \frac{M}{I_z}y_{\max} = \frac{M}{I_z/y_{\max}}$$

令 $I_z/y_{\max} = W_z$，称 $W_z$ 为抗弯截面系数或抗弯截面抵抗矩，其量纲为 $[长度]^3$。于是

$$\sigma_{\max} = \frac{M}{W_z} \tag{6-28}$$

对于宽为 $b$，高为 $h$ 的矩形截面

$$W_z = \frac{I_z}{y_{\max}} = \frac{\dfrac{bh^3}{12}}{\dfrac{h}{2}} = \frac{bh^2}{6} \tag{g}$$

对于直径为 $d$ 的圆形截面

$$W_z = W_y = \frac{\dfrac{\pi d^4}{64}}{\dfrac{d}{2}} = \frac{\pi d^3}{32} \tag{h}$$

各种型钢的抗弯截面系数 $W_z$ 可以从型钢表中查到。

**3. 纯弯曲正应力公式的推广**

对于横力弯曲，由于剪力的存在，变形后梁的横截面不再保持为平面，且纵向纤维层之间也存在相互的挤压，即平截面假设、纵向纤维层间无挤压的假设均不成立，严格地说，纯弯曲模型推导出的正应力公式不再适用于横力弯曲问题。但是对于工程中常见的细长梁（跨长与横截面高度之比大于 5），根据试验和更精确的分析发现，用纯弯曲正应力公式（6-27）计算横力弯曲时横截面上的正应力，并不会引起较大的误差。所以，横力弯曲时横截面上的正应力仍然按式（6-27）计算。

【例 6-5】 图 6-31 所示悬臂梁，已知 $F=10\text{kN}$，$b=100\text{mm}$，$h=150\text{mm}$，求 $C$ 截面上 $a$ 点的正应力及全梁横截面上的最大正应力。

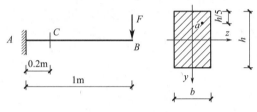

图 6-31 悬臂梁

解：$C$ 截面弯矩 $M_C = -10\text{kN} \times (1-0.2)\text{m} = -8\text{kN·m}$，$a$ 点的 $y$ 坐标 $y_a = -\left(\dfrac{h}{2} - \dfrac{h}{5}\right) = -\dfrac{3}{10}h = -45\text{mm}$，代入式（6-27）可得

$$\sigma_a = \frac{M_C}{I_z} \cdot y_a = \frac{-8 \times 10^6 \text{N·mm}}{\dfrac{1}{12} \times 100\text{mm} \times (150\text{mm})^3} \times (-45\text{mm}) = 12.8\text{MPa}$$

横截面上的最大正应力，发生在弯矩最大的固定端 $A$ 截面上，由式（6-28）可得：

$$\sigma_{\max} = \frac{M_A}{W_z} = \frac{10 \times 10^6 \text{N·mm}}{\dfrac{1}{6} \times 100\text{mm} \times (150\text{mm})^3} = 26.7\text{MPa}$$

注：公式（6-27）中的 $M$ 和 $y$ 也可代入绝对值，最后由 $M$ 的正负及点的位置判断 $\sigma$ 的正负。

## 6.7.2 梁的切应力

**1. 矩形截面梁的切应力**

图 6-32（a）所示矩形截面梁发生横力弯曲，现从梁中任取一横截面如图 6-32（b）所示，根据切应力互等定理可以判定截面周边的切应力必与周边相切。当截面高度 $h$ 大于宽度 $b$ 时，可以进一步作出如下假设：横截面上各点的切应力与剪力 $F_S$ 方向相同，即与截面侧边平行；切应力沿截面宽度方向均匀分布，如图 6-32（b）所示。

　　现从梁中截取长为 $\mathrm{d}x$ 的微段，其受力如图 6-32（c）所示，1-1 截面上的内力为 $F_S$ 和 $M$，2-2 截面上的内力为 $F_S+\mathrm{d}F_S$ 和 $M+\mathrm{d}M$。据此再画出微段左、右截面上的应力分布如图 6-32（d）所示，显然因为两截面上的弯矩不同，所以正应力也不同。下面来求解横截面上距中性轴为 $y$ 处的切应力。为此，以平行于中性层且距中性层为 $y$ 的平面 $ABCD$ 从图 6-32（d）所示微段中截取该平面以下的部分，如图 6-32（e）所示，现在来列出它在梁轴线方向的投影平衡方程。该微体左、右两面上正应力的合力 $F_{N1}$ 和 $F_{N2}$ 不相等，其差和顶面 $ABCD$ 上的水平切应力 $\tau'$ 的合力相等。此处 $\tau'$ 和横截面上 $AD$ 处的切应力 $\tau$ 相等（切应力互等定理），而且 $ABCD$ 面上 $\tau'$ 的合力 $F'_S=\tau'b\mathrm{d}x$（因为 $\mathrm{d}x\rightarrow0$），所以

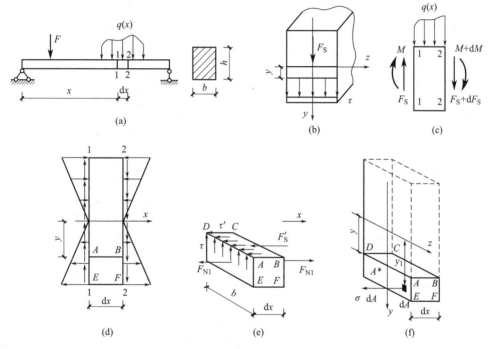

图 6-32　矩形截面梁的切应力分析

$$\sum F_x=0 \ , \ F_{N2}-F_{N1}-\tau'b\mathrm{d}x=0 \tag{i}$$

其中，$F_{N1}=\displaystyle\int_{A^*}\sigma\mathrm{d}A$，$A^*$ 为图 6-32（f）所示实线部分左侧面面积；$\sigma=\dfrac{M}{I_z}y_1$，$y_1$ 为 $A^*$ 上任取一点至中性轴的距离，故

$$F_{N1}=\int_{A^*}\sigma\mathrm{d}A=\int_{A^*}\frac{M}{I_z}y_1\mathrm{d}A=\frac{M}{I_z}S_z \tag{j}$$

式中 $S_z=\displaystyle\int_{A^*}y_1\mathrm{d}A$ 为 $A^*$ 对中性轴的静矩。式（j）代入式（i）

$$\frac{M+\mathrm{d}M}{I_z}S_z-\frac{M}{I_z}S_z-\tau'b\mathrm{d}x=0$$

$$\tau'=\frac{\mathrm{d}M}{\mathrm{d}x}\frac{S_z}{bI_z}$$

因为 $\mathrm{d}M/\mathrm{d}x=F_S$，$\tau'=\tau$，所以

$$\tau = \frac{F_S S_z}{b I_z} \tag{6-29}$$

式中　$F_S$——欲求切应力点所在横截面上的剪力；

　　　　$b$——截面宽度；

　　　　$I_z$——横截面对中性轴的惯性矩；

　　　　$S_z$——欲求切应力点处水平线以下部分面积 $A^*$（或以上部分）对中性轴的静矩，即

$$S_z = A^* \cdot y^* = \left[ b \cdot \left( \frac{h}{2} - y \right) \right] \cdot \left( y + \frac{h/2 - y}{2} \right) = \frac{b}{2} \left( \frac{h^2}{4} - y^2 \right) \tag{k}$$

式（k）代入式（6-29）可得

$$\tau = \frac{6 F_S}{b h^3} \left( \frac{h^2}{4} - y^2 \right)$$

可见切应力大小沿横截面高度方向按抛物线规律变化（图 6-33 所示）。在上、下边缘处，$\tau = 0$；$y = 0$ 即中性轴处切应力取极大值：

$$\tau_{\max} = \frac{3 F_S}{2 b h} = \frac{3}{2} \frac{F_S}{A} \tag{6-30}$$

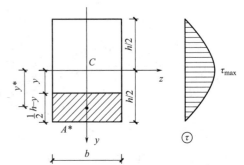

图 6-33　矩形截面梁的切应力

**2. 其他常见截面梁的最大切应力**

（1）工字形截面

工字形截面由腹板和上、下翼缘构成，腹板上的切应力方向与剪力 $F_S$ 相同，即与腹板侧边平行，且 $\tau$ 沿厚度均匀分布。和矩形截面梁的切应力公式推导相似，切应力计算公式也相同，即

$$\tau = \frac{F_S S_z}{d I_z} \tag{6-31}$$

式中　$d$——腹板厚度；

　　　　$S_z$——欲求切应力点水平线以下部分，即图 6-34（a）中的阴影部分对中性轴的静矩。

横截面上的竖向切应力沿腹板高度的变化规律如图 6-34（a）所示，可见当腹板厚度较小时，腹板上的 $\tau$ 变化不大，且翼缘上的竖向 $\tau$ 较小（因为 $b \gg d$），所以工程上可近似认为 $F_S$ 全部由腹板承担而且腹板上的 $\tau$ 是均匀分布的，即 $\tau = \frac{F_S}{d(h - 2t)}$。

若是工字形截面的型钢，计算 $\tau_{\max}$ 时可以从附录的型钢表中查出 $d$ 和 $I_z/S_{z,\max}$。

翼缘上的竖向切应力较小，可以不予考虑，但是翼缘上还存在水平切应力 $\tau'$。水平切应力的计算在此不作讨论，$\tau'$ 沿翼缘宽度方向呈线性变化规律（图 6-34b），$\tau'$ 沿翼缘厚度方向认为是均匀分布的。水平切应力 $\tau'$ 的方向可以根据腹板上切应力 $\tau$ 的方向及切应力流来确定：如图 6-34（b）所示，当 $\tau$ 向下时，上翼缘的 $\tau'$ 由外向内"流"动，然后向下通过腹板，最后"流"向下翼缘外侧。当然，由内力 $F_S$ 的方向也可以确定 $\tau'$ 的方向。

（2）圆形和薄壁圆环形截面

圆形与薄壁圆环形截面的最大切应力都发生在中性轴上，并沿中性轴均匀分布，其值

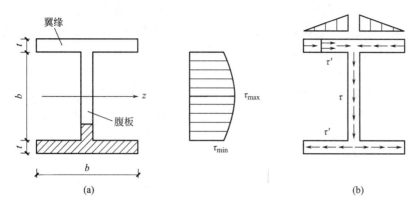

图 6-34　工字形截面梁的切应力

分别为：

圆形截面

$$\tau_{max} = \frac{4}{3} \frac{F_S}{A}$$

薄壁圆环形截面

$$\tau_{max} = 2 \frac{F_S}{A}$$

式中　$A$——横截面面积。

### 6.7.3　梁的强度计算

（1）梁的正应力强度计算

梁中的最大弯曲正应力发生在危险截面的上边缘或下边缘处，而这些点处的弯曲切应力为零，据此可以建立正应力强度条件

$$\sigma_{max} = \frac{M}{W_z} \leqslant [\sigma] \tag{6-32}$$

对于由抗拉和抗压性能相同的材料（即许用拉应力 $[\sigma_t]$ 与许用压应力 $[\sigma_c]$ 相等）制成的等截面梁，危险截面即是弯矩最大截面。对于铸铁这类 $[\sigma_t] \neq [\sigma_c]$ 的脆性材料制成的梁，其危险截面并非一定是 $M_{max}$ 所在截面，这时需分别对拉应力和压应力建立强度条件：

$$\left. \begin{array}{l} \sigma_{t,max} \leqslant [\sigma_t] \\ \sigma_{c,max} \leqslant [\sigma_c] \end{array} \right\} \tag{6-33}$$

（2）梁的切应力强度

梁的最大弯曲切应力一般发生在最大剪力 $F_{S,max}$ 所在截面的中性轴处，而这些点的弯曲正应力为零，据此可以建立切应力强度条件：

$$\tau_{max} = \frac{F_{S,max}S_{z,max}}{bI_z} \leqslant [\tau] \tag{6-34}$$

梁的强度条件式（6-32）和式（6-34）都有三个方面的应用，即强度校核，计算截面和确定许用荷载，其基本原理与轴向拉压杆类似，在此不再赘述。

需指出的是，在对梁进行强度计算时，必须同时满足正应力和切应力强度条件。但是，对于工程中常见的细长梁，其强度主要是由正应力强度条件控制。所以，在截面设计时，常由式（6-32）即正应力强度条件选择截面，再按式（6-34）即切应力强度条件进行校核。

【例 6-6】一外伸梁受力如图 6-35（a）所示，横截面为倒 T 形，已知 $a=40$mm，$b=30$mm，$c=80$mm；外力 $F_1=40$kN，$F_2=15$kN；材料的许用拉应力 $[\sigma_t]=45$MPa，许用压应力 $[\sigma_c]=175$MPa。试校核梁的强度。

解：（1）几何性质

$$y_2=\frac{(bc)\cdot\left(b+\dfrac{c}{2}\right)+[(2a+b)b]\cdot\left(\dfrac{b}{2}\right)}{bc+(2a+b)b}=38\text{mm}$$

$$y_1=72\text{mm}$$

$$I_z=\frac{(2a+b)\cdot b^3}{12}+[(2a+b)b]\cdot\left(y_2-\frac{b}{2}\right)^2+\frac{bc^3}{12}+(bc)\cdot\left(y_1-\frac{c}{2}\right)^2=5.73\times10^6\text{mm}^4$$

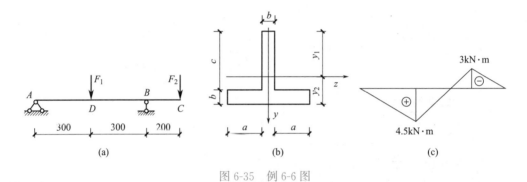

图 6-35　例 6-6 图

（2）校核最大拉应力

由弯矩图可以发现，梁的正、负弯矩段的极值 $M_D>M_B$，但是因为梁的截面为倒 T 形，即 $y_1>y_2$，所以需对 $D$ 截面最大拉应力 $\sigma_{t,\max}^D=\dfrac{M_D}{I_z}y_2$ 和 $B$ 截面最大拉应力 $\sigma_{t,\max}^B=\dfrac{M_B}{I_z}y_1$ 进行比较。注意

$$M_Dy_2<M_By_1$$

所以 $\sigma_{t,\max}=\sigma_{t,\max}^B$，则

$$\sigma_{t,\max}=\frac{M_B}{I_z}y_1=\frac{3\times10^6\text{N}\cdot\text{mm}}{5.73\times10^6\text{mm}^4}\times72\text{mm}=37.7\text{MPa}<[\sigma_t]$$

$\sigma_{t,\max}$ 发生在 $B$ 截面的上边缘处。

（3）校核最大压应力

同理，因为 $M_Dy_1>M_By_2$，所以 $\sigma_{c,\max}$ 发生在 $D$ 截面的上边缘处，即

$$\sigma_{c,\max}=\frac{M_D}{I_z}y_1=\frac{4.5\times10^6\text{N}\cdot\text{mm}}{5.73\times10^6\text{mm}^4}\times72\text{mm}=54.5\text{MPa}<[\sigma_c]$$

所以该梁的强度满足要求。

【例 6-7】图 6-36 所示一木制矩形截面简支梁，受均布荷载 $q$ 作用，已知 $l=4$m，$b=140$mm，$h=210$mm，木材的许用正应力 $[\sigma]=10$MPa，许用切应力 $[\tau]=2.2$MPa，试计算许用荷载 $[q]$。

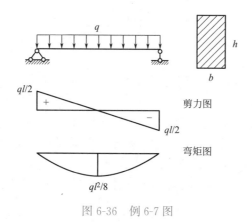

图 6-36　例 6-7 图

解：（1）先考虑正应力强度条件

由弯矩图可知 $M_{max}=\dfrac{1}{8}ql^2$，代入式（6-32）

$$\sigma_{max}=\frac{M_{max}}{W_z}=\frac{\dfrac{1}{8}ql^2}{\dfrac{1}{6}bh^2}=\frac{\dfrac{1}{8}\times q\times(4\times10^3\text{mm})^2}{\dfrac{1}{6}\times140\text{mm}\times(210\text{mm})^2}\leqslant[\sigma]=10\text{MPa}$$

$\therefore q\leqslant5.15$kN/m$=[q]_1$

（2）再考虑切应力强度条件

由剪力图可知，$F_{S,max}=\dfrac{1}{2}ql$。于是

$$\tau_{max}=\frac{3}{2}\frac{F_{S,max}}{A}=\frac{3}{2}\times\frac{\dfrac{1}{8}\times q\times4\times10^3\text{mm}}{140\text{mm}\times210\text{mm}}\leqslant[\tau]=2.2\text{MPa}$$

$\therefore q\leqslant21.56$kN/m$=[q]_2$

$[q]_1<[q]_2$，所以梁的许用荷载 $[q]=[q]_1=5.15$kN/m。

## 6.7.4　提高梁弯曲强度的主要措施

前已提及，梁的强度主要由正应力控制，即

$$\sigma_{max}=\frac{M}{W_z}\leqslant[\sigma] \tag{6-35}$$

所以，提高梁弯曲强度的主要措施应从两方面考虑，一是从梁的受力着手，目的是减小弯矩 $M$；二是从梁的截面形状入手，目的是增大抗弯截面抵抗矩 $W_z$。

（1）合理选择梁的截面形状

由式（6-35）可得 $M\leqslant[\sigma]W_z$，所以梁的承载能力与截面的 $W_z$ 成正比。因此，结合经济性和梁的重量控制要求，合理的截面形状应当满足横截面积 $A$ 较小而其 $W_z$ 较大。

现以矩形截面和圆形截面为例进行比较。设矩形截面 $A_1 = b \times h$，圆形截面 $A_2 = \frac{1}{4}\pi d^2$，而且 $A_1 = A_2$，即 $bh = \frac{1}{4}\pi d^2$，则

$$\frac{(W_z)_{\text{矩形}}}{(W_z)_{\text{圆形}}} = \frac{\frac{1}{6}bh^2}{\frac{\pi d^3}{32}} = \sqrt{\frac{h}{0.716b}}$$

可见，在材料用量相同的前提下，当矩形截面的高度 $h$ 大于宽度 $b$ 的 0.716 倍时，其抗弯性能优于圆形截面。

为了增大 $I_z$ 及 $W_z$，可以将截面设计成工字形、箱形、槽形等，如图 6-37（a）所示。这些截面的抗弯性能比矩形截面更为优越。但是，如果材料的抗拉和抗压能力不同，就可以采取 L 形、T 形等截面形状，如图 6-37（b）所示。

当然，梁的截面形状的选择不仅仅是增大 $I_z$ 或者 $W_z$ 的问题，还涉及梁的抗剪能力、材料性能及施工工艺等方面，应综合考虑。

（2）变截面梁

梁中不同横截面上的弯矩一般是不同的，若只根据危险截面的抗弯强度而设计为等截面梁，则其他截面的抗弯性能有可能没有被充分发挥。为了节约材料、减轻自重，可以根据梁的受力特点将梁设计为变截面梁，如图 6-38 所示。

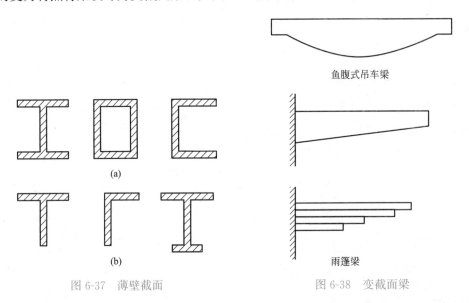

图 6-37　薄壁截面　　　　　　　　　　图 6-38　变截面梁

（3）合理配置支座，改变梁的受力

在满足使用要求的前提下，合理配置支座，可以达到减小最大弯矩从而提高抗弯强度的目的。例如，图 6-39（a）所示受均布荷载作用的简支梁，其 $M_{\max} = ql^2/8$，而当左、右支座向内移动五分之一跨长时，如图 6-39（b）所示，则其 $M_{\max} = ql^2/40$。

另外，通过改变加载方式也可以减小梁的最大弯矩。如图 6-39（c）所示简支梁，其 $M_{\max} = Fl/4$。当增加辅助小梁时，如图 6-39（d）所示，其 $M_{\max} = Fl/8$，是未加辅助梁时最大弯矩的二分之一。

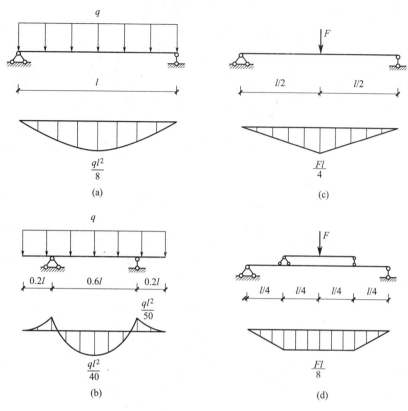

图 6-39　简支梁

## 6.7.5　弯心的概念

前面学习的弯曲变形都是对称弯曲，即横向外力都作用在梁的纵向对称平面内。如果横向外力作用于形心主惯性平面内，而此平面不是纵向对称平面，梁将产生什么变形形式呢？现以图 6-40（a）所示槽形截面梁为例进行分析。

根据切应力流的概念，该梁横截面上的切应力方向如图 6-40（b）所示，腹板和翼缘上切应力的合力分别为 $F_S$、$F_T = F'_T$，如图 6-40（c）所示。现将 $F_S$、$F_T$、$F'_T$ 向截面形心 $C$ 简化，可得主矢 $F_S$ 和主矩 $M_C$（$M_C \neq 0$），如图 6-40（d）所示。可见当横向外力 $F$ 作用线和形心主轴 $y$ 重合时，梁除了产生弯曲变形外，还将产生扭转变形。

要使主矩 $M=0$，只有将简化中心取在腹板中线的外侧，如图 6-40（e）所示与 $y$ 轴平行的 $mn$ 直线上。该直线至腹板中线的垂直距离 $e$ 可由下式来确定：$F_S \cdot e = F_T \cdot h_1$。于是，当外力 $F$ 移动到与 $mn$ 直线重合时，梁将只在 $xy$ 平面内产生平面弯曲，而没有扭转。同理，梁绕 $y$ 轴产生平面弯曲变形时，因为 $z$ 轴为对称轴，所以截面上与切应力对应的分布力系向 $z$ 轴上任一点简化时，其主矩为零。于是，$mn$ 直线与 $z$ 轴的交点 $A$ 是判别槽形截面梁在横向外力作用下是否产生扭转变形的关键位置。

这样，薄壁截面上与剪力对应的分布力系向横截面所在平面内一点简化，所得的主矢不为零而主矩为零，这一点我们定义为弯曲中心，或称为弯心、剪切中心。

139

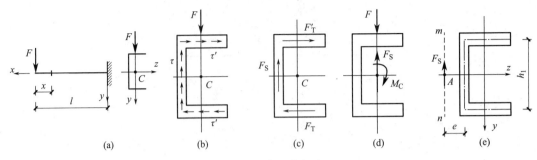

图 6-40　弯心的概念

由上述分析可知，当梁上的横向荷载作用线（或其延长线）通过横截面的弯心时，梁将只产生弯曲变形而无扭转变形。

几种常见截面的弯心位置如图 6-41 所示，其特点是：有对称轴及反对称轴的截面，弯心在对称轴（反对称轴）上；由若干狭长矩形组成的截面，当各狭长矩形的中线交于一点时，其弯心在交点上。

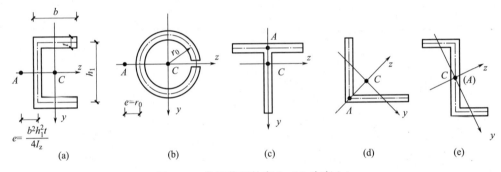

图 6-41　常见截面的弯心（$A$ 为弯心）

## 思考题

6-1　何谓应力？杆件横截面上的应力与内力是什么关系？

6-2　什么是线应变？什么是切应变？试分析图 6-42 中各单位体在 $A$ 点的切应变。

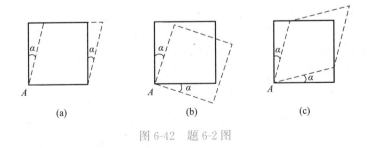

图 6-42　题 6-2 图

6-3　为什么延伸率 $\delta$ 和截面收缩率 $\psi$ 能作为材料的塑性指标？

6-4 三种材料的 $\sigma$-$\varepsilon$ 曲线如图 6-43 所示，试问，强度最高、刚度最大、塑性最好的材料分别是哪一种?

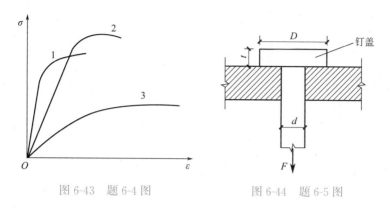

图 6-43 题 6-4 图　　　　　　　　图 6-44 题 6-5 图

6-5 试写出图 6-44 中钉盖的剪切面面积 $A_j$ 和挤压面面积 $A_{bs}$。

6-6 直径为 $d$ 的实心圆轴受扭如图 6-45 (a) 所示，其材料为理想弹塑性材料，$\tau$-$\gamma$ 图如图 6-45 (b) 所示。试：(1) 计算该轴的弹性极限外力偶矩 $M_{e1}$ (即 $\tau_{max} = \tau_s$ 时);(2) 计算该轴的塑性极限外力偶矩 $M_{e2}$ (即截面上各点处的 $\tau = \tau_s$ 时);(3) 求 $M_{e2}/M_{e1}$。

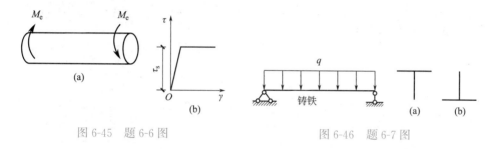

图 6-45 题 6-6 图　　　　　　　　图 6-46 题 6-7 图

6-7 T 形截面铸铁梁受力如图 6-46 所示，采用 (a)(b) 两种放置方式，试分析横截面上弯曲正应力分布规律，并比较二者的承载能力 (只考虑正应力)。

6-8 某组合梁由两根完全相同的梁粘合而成，图 6-47 所示，若该梁破坏时胶合面纵向开裂，试分析其破坏机理。

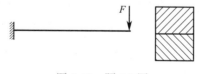

图 6-47 题 6-8 图

## 习题

6-1 在如图 6-48 所示结构中，各杆横截面面积均为 $3000\text{mm}^2$，水平力 $F = 100\text{kN}$，试求各杆横截面上的正应力。

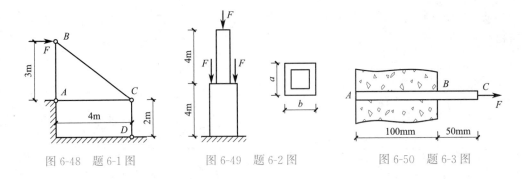

图 6-48　题 6-1 图　　　　　　图 6-49　题 6-2 图　　　　　　图 6-50　题 6-3 图

6-2　一正方形截面的阶梯柱受力如图 6-49 所示。已知：$a=200\text{mm}$，$b=100\text{mm}$，$F=100\text{kN}$，不计柱的自重，试计算该柱横截面上的最大正应力。

6-3　如图 6-50 所示，设浇在混凝土内的钢杆所受粘结力沿其长度均匀分布，在杆端作用的轴向外力 $F=20\text{kN}$。已知杆的横截面积 $A=200\text{mm}^2$，试作图表示横截面上正应力沿杆长的分布规律。

6-4　矩形截面等直杆如图 6-51 所示（截面尺寸单位为 mm），轴向力 $F=200\text{kN}$。试计算互相垂直面 $AB$ 和 $BC$ 上的正应力、切应力以及杆内最大正应力和最大切应力。

6-5　如图 6-52 所示钢筋混凝土组合屋架，受均布荷载 $q$ 作用。屋架中的杆 $AB$ 为圆截面钢拉杆，长 $l=8.4\text{m}$，直径 $d=22\text{mm}$，屋架高 $h=1.4\text{m}$，其许用应力 $[\sigma]=170\text{MPa}$，试校核该拉杆的强度。

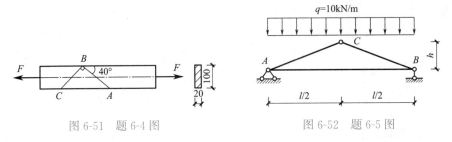

图 6-51　题 6-4 图　　　　　　　　图 6-52　题 6-5 图

6-6　如图 6-53 所示结构中，杆①为 5 号槽钢，其许用应力 $[\sigma]_1=160\text{MPa}$；杆②为 $100\text{mm}\times50\text{mm}$ 的矩形截面木杆，许用应力 $[\sigma]_2=8\text{MPa}$。试求：（1）当 $F=50\text{kN}$ 时，校核该结构的强度；（2）许用荷载 $[F]$。

6-7　如图 6-54 所示杆系中，水平杆为木杆，其长度 $a$ 不变，强度也足够高，但钢杆与木杆的夹角 $\alpha$ 可以改变（即钢杆左端悬挂点的位置可以上下调节）。若欲使钢杆 $AC$ 的用料最少，夹角 $\alpha$ 应多大？

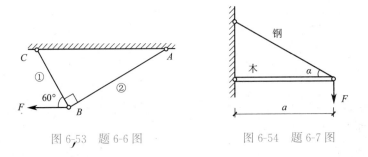

图 6-53　题 6-6 图　　　　　　　图 6-54　题 6-7 图

6-8　如图 6-55 所示结构中，$AB$ 杆由两根等边角钢组成，已知材料的许用应力 $[\sigma]=$ 160MPa。试为 $AB$ 杆选择等边角钢的型号。

6-9　如图 6-56 所示结构中，横杆 $AB$ 为刚性杆，斜杆 $CD$ 为直径 $d=20$mm 的圆杆，材料的许用应力 $[\sigma]=160$MPa，试求许用荷载 $[F]$。

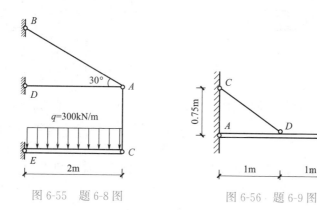

图 6-55　题 6-8 图　　　　　　　　图 6-56　题 6-9 图

6-10　如图 6-57 所示冲床的冲头。在 $F$ 作用下冲剪钢板，设板厚 $t=10$mm，板材料的剪切强度极限为 360MPa。现需要冲剪一个直径 $d=20$mm 的圆孔，试计算所需的冲力 $F$。

6-11　如图 6-58 所示的铆接接头受轴向力 $F$ 作用，试校核其强度。已知 $F=80$kN，$b=80$mm，$\delta=10$mm，$d=16$mm，铆钉和板的材料相同，其许用正应力 $[\sigma]=160$MPa，许用剪切应力 $[\tau_j]=120$MPa，许用挤压应力 $[\sigma_{bs}]=320$MPa。

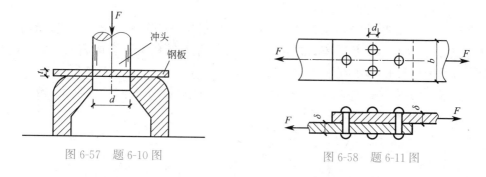

图 6-57　题 6-10 图　　　　　　图 6-58　题 6-11 图

6-12　如图 6-59 所示对接接头中，受轴向力 $F$ 作用。已知 $F=100$kN，$b=150$mm，$t_1=10$mm，$t_2=20$mm，$d=17$mm，铆钉和板的材料相同，其许用正应力 $[\sigma]=$ 160MPa，许用剪切应力 $[\tau_j]=120$MPa，许用挤压应力 $[\sigma_{bs}]=320$MPa。

6-13　如图 6-60 所示两矩形截面木杆，用两块钢板连接，受轴向拉力 $F=40$kN。已知截面的宽度 $b=200$mm，木材顺纹方向许用拉应力 $[\sigma]=8$MPa，许用挤压应力 $[\sigma_{bs}]=$ 5MPa，顺纹许用剪切压力 $[\tau_j]=1$MPa。试求接头处的尺寸 $a$、$l$ 和 $\delta$。

6-14　直径 $d=60$mm 的圆轴受扭如图 6-61 所示，试求 Ⅰ-Ⅰ 截面上 $A$ 点的切应力和轴中的最大扭转切应力。

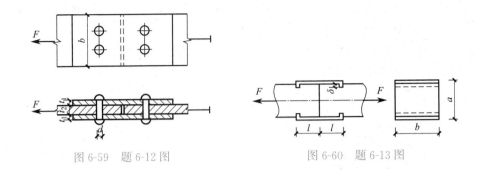

图 6-59　题 6-12 图　　　　　　　图 6-60　题 6-13 图

6-15　两圆轴长度和材料相同，所受扭矩也相同。其中实心轴的直径为 $d_1$，空心轴的内外径之比 $d_2/D_2 = 0.8$，试求：当两轴的最大切应力相等时，它们的重量之比。

6-16　如图 6-62 所示，直径为 $d_1 = 40mm$ 的实心圆轴与内外径分别为 $d_2 = 40mm$、$D_2 = 50mm$ 的空心圆轴通过牙嵌离合器连接。已知二轴所传递的扭矩 $M_T = 1kN \cdot m$，材料的许用切应力 $[\tau] = 80MPa$，试校核二轴的强度。

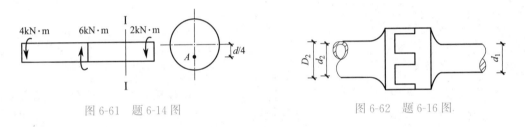

图 6-61　题 6-14 图　　　　　　　　图 6-62　题 6-16 图.

6-17　某传动轴，转速 $n = 150r/min$，传递的功率 $P = 60kW$，材料的许用切应力 $[\tau] = 60MPa$，试设计轴的直径。

6-18　一托架如图 6-63 所示，已知外力 $F = 24kN$，铆钉直径 $d = 20mm$，所用的三个铆钉都受单剪。试指出最危险铆钉的位置，并求出最危险的铆钉横截面上切应力的数值（不要求计算剪应力的作用方位）。

6-19　矩形截面梁受力如图 6-64 所示（图中长度单位为 mm），试求 I-I 截面（固定端）上 $a$、$b$、$c$、$d$ 四点处的正应力。

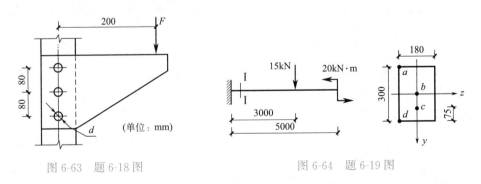

图 6-63　题 6-18 图　　　　　　　图 6-64　题 6-19 图

6-20　厚度 $h = 1.5mm$ 的钢带，卷为内径 $D = 3m$ 的圆环，材料的弹性模量 $E = 210GPa$。假设钢带仍处于线弹性范围，试求此时钢带横截面上产生的最大正应力。

6-21 某机床割刀如图 6-65 所示（图中长度单位为 mm），受到的切削力 $F=1\text{kN}$，试求割刀内的最大弯曲正应力。

6-22 一外径为 250mm，壁厚为 10mm，长度为 12m 的铸铁水管，两端搁在支座上，管中充满着水。铸铁的重度 $\gamma_1=76\text{kN/m}^3$，水的重度 $\gamma_2=10\text{kN/m}^3$。试求管的最大拉、压正应力。

6-23 矩形截面简支梁如图 6-66 所示（截面尺寸单位为 mm），已知 $F=18\text{kN}$，试求 $D$ 截面上 $a$、$b$ 点处的弯曲切应力。

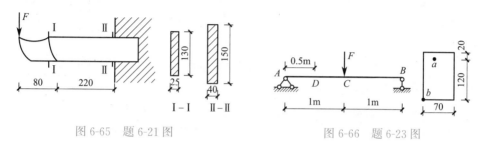

图 6-65 题 6-21 图　　　　　图 6-66 题 6-23 图

6-24 如图 6-67 所示矩形截面梁采用（a）、（b）两种放置方式（截面尺寸单位为 mm），从弯曲正应力强度观点，试计算（b）的承载能力是（a）的多少倍。

6-25 如图 6-68 所示简支梁 $AB$，当荷载 $F$ 直接作用中点时，梁内的最大正应力超过许用值 30%。为了消除这种过载现象，可配置辅助梁（图中的 $CD$），试求辅助梁的最小跨度 $a$。

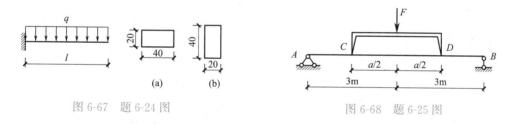

图 6-67 题 6-24 图　　　　　图 6-68 题 6-25 图

6-26 如图 6-69 所示 T 形截面外伸梁（截面尺寸单位为 mm），已知材料的许用拉应力 $[\sigma_t]=80\text{MPa}$，许用压应力 $[\sigma_c]=160\text{MPa}$，截面对形心轴 $z$ 的惯性矩 $I_z=735\times10^4\text{mm}^4$，试校核梁的正应力强度。

6-27 如图 6-70 所示工字形截面外伸梁，材料的许用拉应力和许用压应力相等。当只有 $F_1=12\text{kN}$ 作用时，其最大正应力等于许用正应力的 1.2 倍。为了消除此过载现象，现于右端施加一竖直向下的集中力 $F_2$，试求力 $F_2$ 的变化范围。

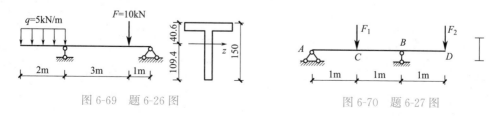

图 6-69 题 6-26 图　　　　　图 6-70 题 6-27 图

6-28 悬臂梁受力如图 6-71 所示，试证明 $\dfrac{\sigma_{max}}{\tau_{max}} = \dfrac{0.5h}{l}$。

6-29 如图 6-72 所示悬臂梁由三块矩形截面的木板胶合而成（截面尺寸单位为 mm），胶合缝的许用切应力 $[\tau] = 0.35\text{MPa}$，试按胶合缝的抗剪强度求此梁的许用荷载 $[F]$。

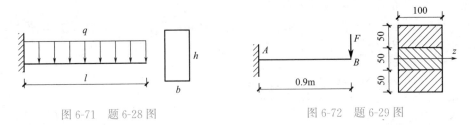

图 6-71 题 6-28 图          图 6-72 题 6-29 图

6-30 如图 6-73 所示矩形截面梁（截面尺寸单位为 mm），已知材料的许用正应力 $[\sigma] = 170\text{MPa}$，许用切应力 $[\tau] = 100\text{MPa}$。试校核梁的强度。

6-31 如图 6-74 所示一简支梁受集中力和均布荷载作用。已知材料的许用正应力 $[\sigma] = 170\text{MPa}$，许用切应力 $[\tau] = 100\text{MPa}$，试选择工字钢的型号。

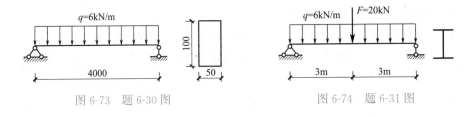

图 6-73 题 6-30 图          图 6-74 题 6-31 图

6-32 指出如图 6-75 所示各截面弯心的大致位置。若各截面上的剪力指向均向下，画出各截面上切应力流的方向。

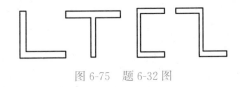

图 6-75 题 6-32 图

# 第7章  应力状态、强度理论与组合变形

* 本章教学的基本要求：理解应力状态、强度理论和组合变形的概念；掌握平面应力状态下斜截面上的应力和主应力的计算；掌握广义胡克定律及其应用；掌握四种经典强度理论；掌握杆件在拉弯（压弯）和偏心受压（拉）时的应力及强度计算。
* 本章教学内容的重点：平面应力状态分析；广义胡克定律；四种经典强度理论；杆件在拉弯（压弯）和偏心受压（拉）时的应力及强度计算。
* 本章教学内容的难点：应力状态的概念；广义胡克定律的应用；组合变形时的应力计算。
* 本章内容简介：

7.1  应力状态的概念
7.2  平面应力状态分析
7.3  空间应力状态简介及广义胡克定律
7.4  强度理论
7.5  组合变形

## 7.1  应力状态的概念

上一章研究杆件的应力时，主要讨论横截面上的应力，并针对单向受力状态和纯剪切受力状态建立了强度条件。但是，如果构件的危险点不是上述两种受力状态时，其强度条件可能需要重新研究。如铸铁圆试件在受压破坏时，破坏面与轴线成一定角度，这就需要进一步研究斜截面上的应力。

一般而言，杆件同一横截面上不同点的应力可能是不相同的；过同一点不同方位截面上的应力也可能是不相同的。以后涉及应力时，必须指明"哪一个面上哪一点"或者"哪一点哪一个方位截面"。应力状态又称为一点处的应力状态，是指过一点所有可能方位截面上应力的集合。为了研究一点的应力状态，常围绕该点取一个微元体，称为单元体（微小的正六面体），再画出单元体各表面上作用的应力。单元体是微元体，可假设单元体各面上的应力都是均匀的，且各相互平行面上的应力相同。例如，图 7-1（b）、图 7-2（b）、图 7-3（b）分别表示

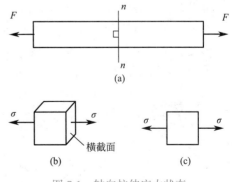

图 7-1  轴向拉伸应力状态

轴向拉伸、扭转、弯曲时，杆件上任一点的应力状态。

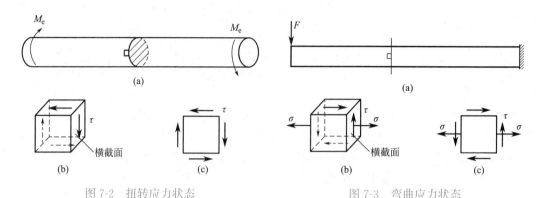

图 7-2  扭转应力状态  图 7-3  弯曲应力状态

单元体的表面就是应力作用面。定义：过一点的所有截面中，切应力为零的截面为应力主平面，简称为主平面；由主平面构成的单元体称为主单元体；主平面的法线方向称为应力主方向，简称主方向；主平面上的正应力称为主应力。用弹性力学方法可以证明：构件中任一点总可以找到三个相互垂直的主方向，因而每一点处都有三个相互垂直的主平面和主应力。一点处的三个主应力，通常按代数值由大到小顺序排列，并分别用 $\sigma_1$、$\sigma_2$、$\sigma_3$ 表示。根据一点处的三个主应力存在几个不为零的情况，将应力状态分为三类：

① 单向应力状态：3 个主应力中只有一个主应力不为零，如图 7-4（a）所示。

② 二向应力状态：3 个主应力中有两个主应力不为零，如图 7-4（b）所示。

③ 三向（或空间）应力状态：3 个主应力均不为零，如图 7-4（c）所示。

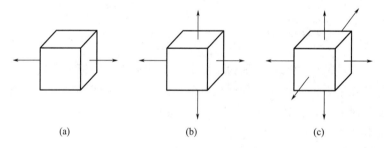

图 7-4  应力状态分类

单向及二向应力状态常称为平面应力状态。二向及三向应力状态又统称为复杂应力状态。对于平面应力状态，由于至少有一个主应力为零的主方向，可以用与该方向相垂直的平面单元体来代替空间单元体，例如，用图 7-1（c）、图 7-2（c）、图 7-3（c）所示的平面单元体来代替图 7-1（b）、图 7-2（b）、图 7-3（b）所示的空间单元体。

## 7.2  平面应力状态分析

### 7.2.1  方位角与应力分量的正负号约定

设平面单元体位于 $Oxy$ 平面内，如图 7-5（a）所示。已知 $x$ 面（外法线平行于 $x$ 轴的面）上的应力 $\sigma_x$、$\tau_{xy}$ 及 $y$ 面上的应力 $\sigma_y$、$\tau_{yx}$。根据切应力互等定理，$\tau_{xy}=\tau_{yx}$。为了确定与 $z$ 轴平行的任意截面上的应力，首先对方位角 $\alpha$ 及各应力分量的正负号作如下约定：

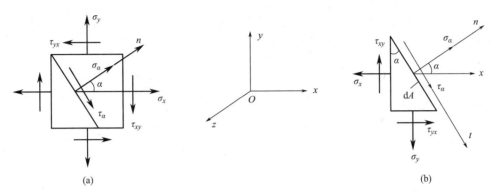

图 7-5　平面应力状态及任意斜截面上的应力公式推导

① $\alpha$ 角——从 $x$ 轴逆时针转至 $\alpha$ 面外法线 $n$ 者为正；反之为负。$\alpha$ 角的取值区间为 $[0，\pi]$ 或 $\left[-\dfrac{\pi}{2}，\dfrac{\pi}{2}\right]$。

② 正应力——拉应力为正；压应力为负。

③ 切应力—— $\tau_{xy}$、$\tau_\alpha$ 以使微元体绕其内任意点产生顺时针方向转动趋势者为正；反之为负。$\tau_{yx}$ 由切应力互等定理确定其具体指向。

## 7.2.2　平面应力状态下任意斜截面上的应力

为确定平面应力状态下任意斜截面上的应力，利用截面法将单元体从该斜截面处切开为两部分。考察其中任一部分，如图 7-5（b）所示。该部分沿 $\alpha$ 面法向及切向的平衡方程分别为：

$\Sigma F_n = 0$

$$\sigma_\alpha \mathrm{d}A - \sigma_x(\mathrm{d}A \cdot \cos\alpha) \cdot \cos\alpha - \sigma_y(\mathrm{d}A \cdot \sin\alpha) \cdot \sin\alpha \tag{a}$$
$$+ \tau_{xy}(\mathrm{d}A \cdot \cos\alpha) \cdot \sin\alpha + \tau_{yx}(\mathrm{d}A \cdot \sin\alpha) \cdot \cos\alpha = 0$$

$\Sigma F_t = 0$

$$\tau_\alpha \mathrm{d}A - \sigma_x(\mathrm{d}A \cdot \cos\alpha) \cdot \sin\alpha + \sigma_y(\mathrm{d}A \cdot \sin\alpha) \cdot \cos\alpha \tag{b}$$
$$- \tau_{xy}(\mathrm{d}A \cdot \cos\alpha) \cdot \cos\alpha + \tau_{yx}(\mathrm{d}A \cdot \sin\alpha) \cdot \sin\alpha = 0$$

式中 $\tau_{xy}=\tau_{yx}$，由此得

$$\sigma_\alpha = \sigma_x \cos^2\alpha + \sigma_y \sin^2\alpha - 2\tau_{xy}\sin\alpha\cos\alpha \tag{c}$$

$$\tau_\alpha = (\sigma_x - \sigma_y)\sin\alpha\cos\alpha + \tau_{xy}(\cos^2\alpha - \sin^2\alpha) \tag{d}$$

将三角关系式

$$\cos^2\alpha = \frac{1+\cos2\alpha}{2} \quad \sin^2\alpha = \frac{1-\cos2\alpha}{2}$$

$$2\sin\alpha\cos\alpha = \sin2\alpha$$

代入式（c）和式（d），经整理后得

$$\sigma_\alpha = \frac{\sigma_x + \sigma_y}{2} + \frac{\sigma_x - \sigma_y}{2}\cos2\alpha - \tau_{xy}\sin2\alpha \tag{7-1}$$

$$\tau_\alpha = \frac{\sigma_x - \sigma_y}{2}\sin2\alpha + \tau_{xy}\cos2\alpha \tag{7-2}$$

式（7-1）和式（7-2）就是平面应力状态下任意斜截面上的正应力和切应力计算公式。如果用 $\alpha+90°$ 替代式（7-1）中的 $\alpha$，则

$$\sigma_{\alpha+90°} = \frac{\sigma_x + \sigma_y}{2} - \frac{\sigma_x - \sigma_y}{2}\cos2\alpha + \tau_{xy}\sin2\alpha$$

从而有

$$\sigma_\alpha + \alpha_{\alpha+90°} = \sigma_x + \sigma_y \tag{7-3}$$

结论：在平面应力状态下，一点处与 $z$ 轴平行的两相互垂直面上的正应力的代数和是一个不变量。

### 7.2.3　平面应力状态下的正应力极值（主应力）与切应力极值

先讨论正应力极值。由式（7-1）和式（7-2）可知，当 $\sigma_x$、$\sigma_y$ 和 $\tau_{xy}$ 已知时，$\sigma_\alpha$ 和 $\tau_\alpha$ 将随 $\alpha$ 的不同而不同，由

$$\frac{\mathrm{d}\sigma_\alpha}{\mathrm{d}\alpha} = 0, \quad -(\sigma_x - \sigma_y)\sin2\alpha_0 - 2\tau_{xy}\cos2\alpha_0 = -2\tau_{\alpha_0} = 0$$

可见，正应力取极值的截面上，切应力为零，即正应力极值就是主应力。这时的 $\alpha_0$ 可由上式求得

$$\tan2\alpha_0 = \frac{-2\tau_{xy}}{\sigma_x - \sigma_y} \tag{7-4}$$

由三角函数知

$$\tan2(\alpha_0 \pm 90°) = \tan2\alpha_0$$

除 $\alpha_0$ 外，$\alpha_0 \pm 90°$ 也满足式（7-4），故存在两个正应力极值，且两个主平面相互垂直。按式（7-4）求 $\alpha_0$ 时，可考虑

$$\sin2\alpha_0 = \frac{-2\tau_{xy}}{\sqrt{(\sigma_x - \sigma_y)^2 + 4\tau_{xy}^2}}, \quad \cos2\alpha_0 = \frac{\sigma_x - \sigma_y}{\sqrt{(\sigma_x - \sigma_y)^2 + 4\tau_{xy}^2}}$$

由 $-2\tau_{xy}$，$\sigma_x - \sigma_y$ 的正负符号分别确定 $\sin2\alpha_0$、$\cos2\alpha_0$ 的正负符号，从而唯一地确定 $\alpha_0$ 值。将以上两式代入式（7-1），得 $\sigma_\alpha$ 的两个极值 $\sigma_{max}$（对应 $\alpha_0$）、$\sigma_{min}$（对应 $\alpha_0 \pm 90°$）为

$$\sigma_{\substack{max \\ min}} = \frac{\sigma_x + \sigma_y}{2} \pm \sqrt{\left(\frac{\sigma_x - \sigma_y}{2}\right)^2 + \tau_{xy}^2} \tag{7-5}$$

平面应力状态一点处的三个主应力为 $\sigma_{max}$、$\sigma_{min}$ 及 0，按其代数值由大到小顺序排列，并分别用 $\sigma_1$、$\sigma_2$、$\sigma_3$ 表示，且 $\sigma_1 \geqslant \sigma_2 \geqslant \sigma_3$。

再讨论切应力极值。设 $\alpha = \theta_0$ 时，切应力取极值，由式（7-2）

$$\frac{\mathrm{d}\tau_\alpha}{\mathrm{d}\alpha} = (\sigma_x - \sigma_y)\cos2\theta_0 - 2\tau_{xy}\sin2\theta_0 = 0$$

得

$$\tan2\theta_0 = \frac{\sigma_x - \sigma_y}{2\tau_{xy}} \tag{7-6}$$

比较式（7-4）和式（7-6），有 $\tan 2\alpha_0 \cdot \tan 2\theta_0 = -1$，可见 $\theta_0 = \alpha_0 + 45°$，即切应力的极值作用面与正应力的极值作用面互成 $45°$的夹角。将由式（7-6）确定的 $\theta_0$ 代入式（7.2），可以求得斜截面上切应力的极值 $\tau_{\max}$（对应 $\theta_0$）、$\tau_{\min}$（对应 $\theta_0 \pm 90°$）为

$$\tau_{\substack{\max \\ \min}} = \pm \sqrt{\left(\frac{\sigma_x - \sigma_y}{2}\right)^2 + \tau_{xy}^2} = \pm \frac{\sigma_{\max} - \sigma_{\min}}{2} \tag{7-7}$$

【例 7-1】某单元体上的应力状态如图 7-6（a）所示，试求 $a$-$b$ 面上的正应力和切应力。

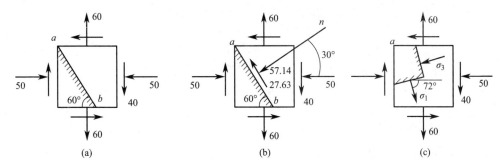

图 7-6　例 7-1 图（应力单位：MPa）

解：此例中 $\sigma_x = -50\text{MPa}$，$\sigma_y = 60\text{MPa}$，$\tau_{xy} = 40\text{MPa}$，$\alpha = 30°$，$a$-$b$ 面上的正应力和切应力分别为

$$\begin{aligned}
\sigma_\alpha &= \frac{\sigma_x + \sigma_y}{2} + \frac{\sigma_x - \sigma_y}{2}\cos 2\alpha - \tau_{xy}\sin 2\alpha \\
&= \left(\frac{-50+60}{2} + \frac{-50-60}{2}\cos 60° - 40\sin 60°\right)\text{MPa} = -57.14\text{MPa}
\end{aligned}$$

$$\begin{aligned}
\tau_\alpha &= \frac{\sigma_x - \sigma_y}{2}\cdot\sin 2\alpha + \tau_{xy}\cos 2\alpha \\
&= \left(\frac{-50-60}{2}\sin 60° + 40\cos 60°\right)\text{MPa} = -27.63\text{MPa}
\end{aligned}$$

求得 $a$-$b$ 面上的正应力和切应力均为负值，如图 7-6（b）所示。

【例 7-2】试求图 7-7 所示纯剪切平面应力状态的主应力及其图示面内的两个主应力方向。

解：此例中，$\sigma_x = \sigma_y = 0$，$\tau_{xy} = \tau$

$$\tau_{\substack{\max \\ \min}} = \frac{\sigma_x + \sigma_y}{2} \pm \sqrt{\left(\frac{\sigma_x - \sigma_y}{2}\right)^2 + \tau_{xy}^2} = \pm \tau$$

$$\tan 2\alpha_0 = \frac{-2\tau_{xy}}{\sigma_x - \sigma_y} = \frac{-2\tau}{0} = -\infty$$

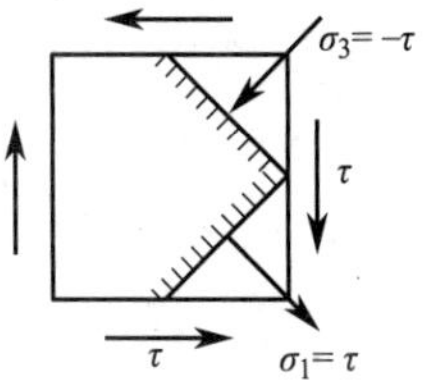

由于 $\cos 2\alpha_0 = 0$，$\tan 2\alpha_0 = -\infty$，而 $\sin 2\alpha_0 < 0$，可见 $2\alpha_0 = -90°$，$\alpha_0 = -45°$（对应 $\sigma_{\max}$）、$\sigma_{\min}$ 与 $\sigma_{\max}$ 相垂直。本例中的三个主应力分别为：$\sigma_1 = \tau$（对应于 $\alpha_0$ 面），$\sigma_2 = 0$（对应于 $z$ 面），$\sigma_3 = -\tau$（对应 $\alpha_0 + 90°$ 面），如图 7-7 所示。

图 7-7　例 7-2 图

【例 7-3】试求例 7-1 中平面应力状态单元体的主应力和主方向。

解：由式（7-5）和式（7-4）得 $\sigma_{\max}$、$\sigma_{\min}$ 及其 $\sigma_{\max}$ 与 $x$ 轴夹角 $\alpha_0$：

$$\sigma_{\substack{\max \\ \min}} = \frac{\sigma_x + \sigma_y}{2} \pm \sqrt{\left(\frac{\sigma_x - \sigma_y}{2}\right)^2 + \tau_{xy}^2}$$

$$= \frac{-50 + 60}{2}\text{MPa} \pm \sqrt{\left(\frac{-50 - 60}{2}\right)^2 + 40^2}\,\text{MPa} = \frac{73.01}{-63.01}\text{MPa}$$

$$\tan 2\alpha_0 = \frac{-2\tau_{xy}}{\sigma_x - \sigma_y} = \frac{-2 \times 40}{-50 - 60} = \frac{4}{55}$$

因为 $\sin 2\alpha_0$、$\cos 2\alpha_0$ 均为负，可见 $2\alpha_0$ 位于第三象限，有 $2\alpha_0 = 216.0°$，$\alpha_0 = 108.0°$（对应 $\sigma_{\max}$），而 $\sigma_{\min}$ 与 $\sigma_{\max}$ 相垂直。在本例中，单元体的主应力分别为 $\sigma_1 = 73.01\text{MPa}$，$\sigma_2 = 0$，$\sigma_3 = -63.01\text{MPa}$，如图 7-6（c）所示。

# 7.3 空间应力状态简介及广义胡克定律

## 7.3.1 空间应力状态简介

工程结构物都是三维体，平面应力状态只是一般三维结构的特殊情况。在研究了平面应力状态后，还应回到三向应力状态，作进一步分析，才符合工程实际。本节只讨论三个主应力 $\sigma_1 \geqslant \sigma_2 \geqslant \sigma_3$ 均已知的三向应力状态，否则采用弹性力学的方法。

对于图 7-8（a）所示已知三个主应力的主单元体，可以将其分解为三种平面应力状态，分别分析平行于三个主应力的三组特殊方向面上的应力。如图 7-8（b）所示，在平行于 $\sigma_1$ 的方向面 I 上，正应力和切应力都与 $\sigma_1$ 无关。因此，在研究平行于 $\sigma_1$ 的这一组方向面上的应力时，所研究的应力状态可视为图 7-8（b）所示的平面应力状态。在该组方向面上，正应力极值为 $\sigma_2$，切应力极值为 $\dfrac{\sigma_2 - \sigma_3}{2}$。

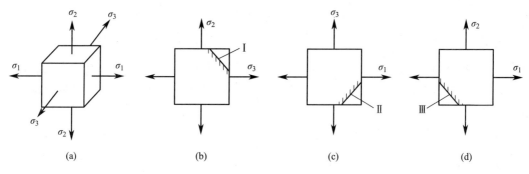

图 7-8 三向应力状态

同理，在平行 $\sigma_2$ 或平行于 $\sigma_3$ 的任意方向面 II 或 III 上，正应力和切应力分别与 $\sigma_2$ 或 $\sigma_3$ 无关。因此，当研究平行于 $\sigma_2$ 或 $\sigma_3$ 的这两组方向面上的应力时，所研究的应力状态可视为图 7-8（c）或图 7-8（d）所示之平面应力状态，其正应力极值和切应力极值也可由式（7-5）和式（7-7）得到。于是可得三向应力状态下，与主应力平行的截面上，其最大应力分别为：

$$\sigma_{\max} = \sigma_1, \qquad \sigma_{\min} = \sigma_3 \tag{7-8}$$

$$\tau_{\max} = \frac{\sigma_1 - \sigma_3}{2} \tag{7-9}$$

用弹性力学方法可以证明，如果所取截面并不与主应力平行，该斜截面上的正应力和切应力，必定小于上述应力极值。

### 7.3.2　广义胡克定律

上一章学习过，理想弹性材料在单向应力状态时的胡克定律：$\sigma = E\varepsilon\,(\sigma \leqslant \sigma_p)$，同时沿垂直于正应力方向的横向线应变 $\varepsilon'$ 为：$\varepsilon' = -\mu\varepsilon = -\mu\dfrac{\sigma}{E}$。本节要讨论的广义胡克定律，是理想弹性材料在复杂应力状态下的应力-应变关系。

首先研究图 7-9（a）所示的主单位体。沿单元体三个主应力 $\sigma_1$、$\sigma_2$、$\sigma_3$ 方向的线应变分别为 $\varepsilon_1$、$\varepsilon_2$、$\varepsilon_3$，称为主应变。求解主应变，可以应用叠加法：单独作用 $\sigma_1$ 时，如图 7-9（b）所示，沿 $\sigma_1$ 方向的线应变用 $\varepsilon_1'$ 表示。由单向应力状态时的胡克定律得

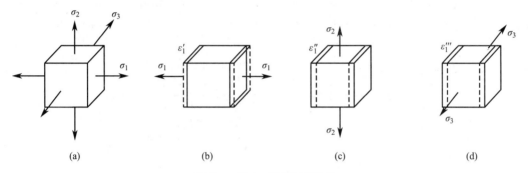

图 7-9　应力-应变关系示意

$$\varepsilon_1' = \frac{\sigma_1}{E}$$

单独作用 $\sigma_2$ 时，如图 7-9（c）所示，沿 $\sigma_1$ 方向的线应变为横向应变，用 $\varepsilon_1''$ 表示，且

$$\varepsilon_1'' = -\mu\frac{\sigma_2}{E}$$

单独作用 $\sigma_3$ 时，如图 7-9（d）所示，沿 $\sigma_1$ 方向的线应变为横向应变，用 $\varepsilon_1'''$ 表示，且

$$\varepsilon_1''' = -\mu\frac{\sigma_3}{E}$$

在 $\sigma_1$、$\sigma_2$、$\sigma_3$ 共同作用下，可得沿 $\sigma_1$ 方向的线应变为

$$\varepsilon_1 = \varepsilon_1' + \varepsilon_1'' + \varepsilon_1''' = \frac{\sigma_1}{E} - \mu\frac{\sigma_2}{E} - \mu\frac{\sigma_3}{E} = \frac{1}{E}[\sigma_1 - \mu(\sigma_2 + \sigma_3)]$$

用同样的方法，可得沿 $\sigma_2$ 方向的线应变 $\varepsilon_2$ 及沿 $\sigma_3$ 方向的线应变 $\varepsilon_3$ 分别为

$$\left. \begin{aligned} \varepsilon_1 &= \frac{1}{E}[\sigma_1 - \mu(\sigma_2 + \sigma_3)] \\ \varepsilon_2 &= \frac{1}{E}[\sigma_2 - \mu(\sigma_3 + \sigma_1)] \\ \varepsilon_3 &= \frac{1}{E}[\sigma_3 - \mu(\sigma_1 + \sigma_2)] \end{aligned} \right\} \tag{7-10}$$

上式就是空间主单元体条件下的**广义胡克定律**。式中的正应力和线应变均为代数量，其正负号约定为：拉应力为正，压应力为负；伸长线应变为正，缩短线应变为负。因为 $\sigma_1 \geqslant \sigma_2 \geqslant \sigma_3$，由式（7-10）还可以得出主应变之间的大小关系：$\varepsilon_1 \geqslant \varepsilon_2 \geqslant \varepsilon_3$。

图 7-10 所示的二向应力状态，相当于空间应力状态 $\sigma_3 = 0$ 的特殊情况，广义胡克定律也适用。令式（7-10）中的 $\sigma_3 = 0$，便可得到二向应力状态下广义胡克定律的表达式，即

$$\left.\begin{array}{l} \varepsilon_1 = \dfrac{1}{E}(\sigma_1 - \mu\sigma_2) \\[2mm] \varepsilon_2 = \dfrac{1}{E}(\sigma_2 - \mu\sigma_1) \\[2mm] \varepsilon_3 = -\dfrac{\mu}{E}(\sigma_1 + \sigma_2) \end{array}\right\} \tag{7-11}$$

需指明一点：如果不是主单元体，则单元体各面上除存在正应力 $\sigma_x$、$\sigma_y$ 外，还存在切应力 $\tau_{xy}$，如图 7-11 所示。由理论证明及实验证实，对于连续均质各向同性线弹性材料，正应力不会引起切应变，切应力也不会引起线应变，而且切应力引起的切应变互不耦联。于是，线应变可按上述方法求得，而切应变可以利用剪切胡克定律求得

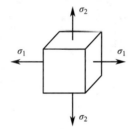

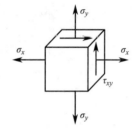

图 7-10  二向应力状态　　　图 7-11  单元体应力

$$\left.\begin{array}{l} \varepsilon_x = \dfrac{1}{E}(\sigma_x - \mu\sigma_y) \\[2mm] \varepsilon_y = \dfrac{1}{E}(\sigma_y - \mu\sigma_x) \\[2mm] \varepsilon_z = -\dfrac{\mu}{E}(\sigma_x + \sigma_y) \\[2mm] \gamma_{xy} = \dfrac{\tau_{xy}}{G} \end{array}\right\} \tag{7-12}$$

式中，$E$ 为弹性模量，$\mu$ 为泊松比，$G$ 为切变模量。对理想弹性体，三个弹性常数之间存在如下关系

$$G = \frac{E}{2(1+\mu)} \tag{7-13}$$

**【例 7-4】** 图 7-12（a）所示边长为 15mm 的正方体混凝土块，很紧密地放在绝对刚性的槽内，刚槽的高、宽均为 150mm，混凝土块的顶面上作用有 $q = 20\text{MPa}$ 的均布压力，已知混凝土的泊松比 $\mu = 0.2$。当不计混凝土与槽间的摩擦时，试求混凝土块中沿 $x$、$y$、$z$ 三方向的正应力 $\sigma_x$、$\sigma_y$ 及 $\sigma_z$。

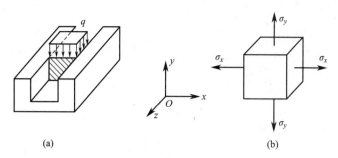

图 7-12 例 7-4 图

解：在压力 $q$ 作用下，混凝土块要发生变形，由于槽是刚性的，混凝土块沿 $x$ 方向的变形受阻，所以沿 $x$ 方向无线应变而存在正应力（即 $\varepsilon_x=0$，$\sigma_x\neq0$）；沿 $z$ 方向无任何阻碍，可自由变形，该方向只发生变形而无应力（即 $\varepsilon_z\neq0$，$\sigma_z=0$）；沿 $y$ 方向有 $q$ 作用，该方向上既产生正应力又发生变形，且 $\sigma_y=-q=-20\text{MPa}$。混凝土内各点的应力状态如图 7-12（b）所示。

根据广义胡克定律，有

$$\varepsilon_x=\frac{1}{E}(\sigma_x-\mu\sigma_y)=0$$

由此得

$$\sigma_x=\mu\sigma_y=0.2\times(-20)\text{MPa}=-4\text{MPa}$$

【例 7-5】如图 7-13（a）所示矩形截面梁，$K$ 点位于中性层与梁侧表面的交线上，现测得该点与轴线成 $45°$ 方向的线应变为 $\varepsilon$，材料的弹性模量 $E$、泊松比 $\mu$ 均为已知，试求集中力 $F$。

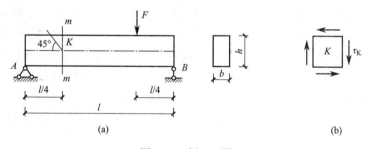

图 7-13 例 7-5 图

解：（1）$m\text{-}m$ 截面的内力为：

$$F_S=\frac{F}{4}，\qquad M=\frac{1}{16}Fl$$

（2）$m\text{-}m$ 截面上 $K$ 点的应力为：

$$\sigma_K=0，\qquad \tau_K=\frac{3}{2}\cdot\frac{F_S}{A}=\frac{3F}{8bh}$$

（3）$K$ 点的应力状态如图 7-13（b）所示。

（4）由广义胡克定律

$$\varepsilon=\varepsilon_{-45°}=\frac{1}{E}(\sigma_{-45°}-\mu\sigma_{45°})$$

由式（7-1）得

$$\sigma_{-45^\circ} = \frac{\sigma_x + \sigma_y}{2} + \frac{\sigma_x - \sigma_y}{2}\cos(-90^\circ) - \tau_{xy}\sin(-90^\circ) = \tau_K$$

由式（7-3）得

$$\sigma_{45^\circ} = \sigma_x + \sigma_y - \sigma_{-45^\circ} = -\tau_K$$

所以

$$\varepsilon = \frac{1}{E}(\tau_K + \mu\tau_K) = \frac{1+\mu}{E} \cdot \frac{3F}{8bh}$$

$$F = \frac{8bhE\varepsilon}{3(1+\mu)}$$

# 7.4 强度理论

## 7.4.1 强度理论的概念

在上一章中介绍了杆件在基本变形情况下的强度计算，根据杆件横截面上的最大正应力、最大切应力及相应的试验结果，建立了如下形式的强度条件：$\sigma_{\max} \leqslant [\sigma]$ 或 $\tau_{\max} \leqslant [\tau]$。实践表明，这些直接根据试验结果建立的强度条件对于危险点处于单向应力状态或纯剪切应力状态是适用的。当危险点处于复杂应力状态时，如果通过材料破坏试验来确定其极限应力值，从而建立强度条件，将面临以下困难：不同应力组合情况下需要单独设计试验，工作量大，且难以得到一般规律；不同材料的试验结果相差较大。所以，试验只能作为辅助手段。

人们经过长期大量观察，并研究各类各向同性材料在不同应力状态下的破坏现象，发现不论材料破坏的表面现象如何复杂，其破坏形式主要是脆性断裂和屈服失效两种类型。于是，根据对材料破坏现象的分析，推测引起破坏的原因，提出各种假说，认为材料发生某种类型的破坏是由某种特定因素引起的。这种关于材料破坏因素的假说称为**强度理论**。按照强度理论，无论简单或复杂应力状态，引起该种破坏的因素是相同的。这样就可以通过某种类型破坏的简单试验，测定该因素的极限值，来建立复杂应力状态的强度条件。下面介绍工程中关于各向同性材料在常温、静载荷条件下几个常用的强度理论。

## 7.4.2 常用的强度理论

脆性断裂一般是对脆性材料而言，破坏之前，材料没有明显的塑性变形，而表现为突然断裂。例如，铸铁拉伸、扭转破坏。这类破坏往往与最大拉应力或者最大拉应变有关。

### 1. 第一强度理论——最大拉应力理论

该理论认为，材料发生脆性断裂的主要因素是该点的最大拉应力。即在复杂应力状态下，只要材料内一点的最大拉应力 $\sigma_1$ 达到同类材料单向拉伸断裂时横截面上的极限应力 $\sigma^0$，材料就发生断裂破坏。其破坏条件为 $\sigma_1 = \sigma^0$，再考虑一定安全储备，可得强度条件为

$$\sigma_1 \leqslant [\sigma] \quad (\sigma_1 > 0) \tag{7-14}$$

式中，$[\sigma]$ 为材料拉伸时的许用应力。

试验表明，该理论主要适用于脆性材料在二向或三向受拉的强度计算，对于存在有压应力的脆性材料，只要最大压应力值不超过最大拉应力值，也是正确的。

**2. 第二强度理论——最大伸长线应变理论**

该理论认为，材料发生脆性断裂的主要因素是该点的最大伸长线应变。即在复杂应力状态下，只要材料内一点的最大拉应变 $\varepsilon_1$ 达到同类材料单向拉伸断裂时最大伸长线应变的极限值 $\varepsilon^0$ 时，材料就发生断裂破坏。其破坏条件为 $\varepsilon_1 = \varepsilon^0$。假设单向拉伸直到断裂时，仍可用胡克定律，则 $\varepsilon^0 = \dfrac{\sigma^0}{E}$。由广义胡克定律，有 $\varepsilon_1 = \dfrac{1}{E}[\sigma_1 - \mu(\sigma_2 + \sigma_3)]$。该理论的破坏条件改写为 $\sigma_1 - \mu(\sigma_2 + \sigma_3) = \sigma^0$。强度条件为

$$\sigma_1 - \mu(\sigma_2 + \sigma_3) \leqslant [\sigma] \tag{7-15}$$

试验表明，该理论主要适用于脆性材料。例如，混凝土在单向压缩时，往往沿垂直于压力方向裂开，而此方向正是最大拉应变方向。铸铁在拉-压二向应力状态，且压应力较大的情况下，试验结果也与这一理论接近。但是，该理论用于工程上的可靠性很差，现在很少采用。

**塑性破坏**一般是对塑性材料而言的，破坏时，以出现屈服或产生显著的塑性变形为标志。例如，低碳钢拉伸屈服时，出现与轴线成 45° 的滑移线。这类破坏与最大切应力、畸变能密度（此概念及相关结论可参阅相关资料，本书不再赘述）有关。

**3. 第三强度理论——最大切应力理论**

该理论认为，材料发生屈服的主要因素是最大切应力。即在复杂应力状态下，只要材料内一点的最大切应力 $\tau_{\max}$ 达到同类材料单向拉伸屈服时切应力的屈服极限 $\tau_s$，材料就在该点处发生显著的塑性变形或出现屈服。由于 $\tau_{\max} = \dfrac{\sigma_1 - \sigma_3}{2}$，$\tau_s = \dfrac{\sigma_s}{2}$，于是得到塑性破坏条件为 $\sigma_1 - \sigma_3 = \sigma_s$，强度条件为

$$\sigma_1 - \sigma_3 \leqslant [\sigma] \tag{7-16}$$

试验表明，该理论对于单向拉伸和单向压缩的抗力大致相等的材料是适用的。这一理论的不足之处是忽略了 $\sigma_2$ 的影响。在二向应力状态下，与实验资料比较，理论结果偏于安全。

**4. 第四强度理论——畸变能密度理论**

该理论认为，材料发生屈服的主要因素是该点的畸变能密度。即在复杂应力状态下，只要材料内一点的畸变能密度达到同类材料在单向拉伸屈服时的畸变能密度极限值，材料就会发生屈服。其破坏条件经整理为 $\sqrt{\dfrac{1}{2}[(\sigma_1 - \sigma_2)^2 + (\sigma_2 - \sigma_3)^2 + (\sigma_3 - \sigma_1)^2]} = \sigma_s$，强度条件为

$$\sqrt{\dfrac{1}{2}[(\sigma_1 - \sigma_2)^2 + (\sigma_2 - \sigma_3)^2 + (\sigma_3 - \sigma_1)^2]} \leqslant [\sigma] \tag{7-17}$$

从式（7-14）～式（7-17）来看，可用一个统一的形式表示为

$$\sigma_r \leqslant [\sigma]$$

其中 $\sigma_r$ 称为**相当应力**。四个强度理论的相当应力分别为

$$\sigma_{r1} = \sigma_1$$

$$\sigma_{r2} = \sigma_1 - \mu(\sigma_2 + \sigma_3)$$

$$\sigma_{r3} = \sigma_1 - \sigma_3$$

$$\sigma_{r4} = \sqrt{\frac{1}{2}\left[(\sigma_1 - \sigma_2)^2 + (\sigma_2 - \sigma_3)^2 + (\sigma_3 - \sigma_1)^2\right]}$$

对于梁来说，由于 $\sigma_{\frac{1}{3}} = \dfrac{\sigma}{2} \pm \sqrt{\left(\dfrac{\sigma}{2}\right)^2 + \tau^2}$，$\sigma_2 = 0$，于是第三、四强度理论的相当应力为

$$\sigma_{r3} = \sqrt{\sigma^2 + 4\tau^2}$$

$$\sigma_{r4} = \sqrt{\sigma^2 + 3\tau^2} \tag{7-18}$$

上面介绍的四种常用强度理论，都是针对材料的两种主要破坏形式研究的。由于脆性材料的破坏一般为脆性断裂，而塑性材料的破坏一般为屈服破坏，所以，一般情况下，第一和第二强度理论适用于脆性材料，第三和第四强度理论适用于塑性材料。另外，无论是塑性材料还是脆性材料，在三向拉应力状态下都采用第一强度理论，而在三向压应力状态下都采用第三或第四强度理论。

【例 7-6】已知铸铁构件上危险点处的应力状态如图 7-14 所示。若铸铁拉伸许用应力 $[\sigma_t] = 30\text{MPa}$，试校核该点处的强度。

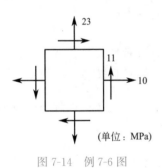

图 7-14　例 7-6 图

解：本例中 $\sigma_x = 10\text{MPa}$，$\sigma_y = 23\text{MPa}$，$\tau_{xy} = -11\text{MPa}$，由式（7-5）得

$$\sigma_{\substack{max \\ min}} = \frac{\sigma_x + \sigma_y}{2} \pm \sqrt{\left(\frac{\sigma_x - \sigma_y}{2}\right)^2 + \tau_{xy}^2}$$

$$= \frac{10+23}{2}\text{MPa} \pm \sqrt{\left(\frac{10-23}{2}\right)^2 + 11^2}\,\text{MPa} = \frac{29.28\text{MPa}}{3.72\text{MPa}}$$

三个主应力分别为 $\sigma_1 = 29.28\text{MPa}$，$\sigma_2 = 3.72\text{MPa}$，$\sigma_3 = 0$。因为铸铁为脆性材料，所以采用第一强度理论。

$$\sigma_{r1} = \sigma_1 = 29.28\text{MPa} < [\sigma_t]$$

故此危险点满足强度条件。

【例 7-7】两端简支的工字形钢板梁，梁的尺寸及梁上荷载如图 7-15 所示。已经 $F = 750\text{kN}$，材料的许用应力 $[\sigma] = 170\text{MPa}$，$[\tau] = 100\text{MPa}$。试全面校核梁的强度。

解：（1）分析

梁需同时满足正应力和切应力强度条件。在弯矩最大截面的上、下边缘处按 $\dfrac{M_{max}}{W_z} \leqslant [\sigma]$ 校核正应力强度；在剪力最大截面的中性轴处按 $\dfrac{F_{S,max} S_{z,max}}{b I_z} \leqslant [\tau]$ 校核切应力强度。

从图 7-15（b）所示的应力分布看到，在 $C$ 的左、右邻截面上，在腹板与翼缘交界处 $D$ 或 $E$ 点的正应力和切应力都比较大，该点处于二向应力状态，如图 7-15（c）所示，应按强度理论校核该点的强度。

（2）校核正应力强度

梁跨中的最大弯矩，截面对中性轴的惯性矩和抗弯截面模量分别为 $M_{max} = 787.5\text{kN·m}$，

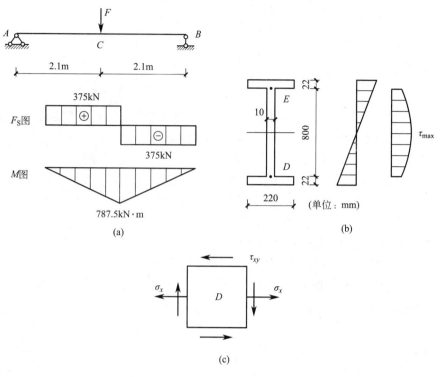

图 7-15　例 7-7 图

$I_z = 2.06 \times 10^9 \mathrm{mm}^4$，$W_z = 4.88 \times 10^6 \mathrm{mm}^3$

$$\sigma_{\max} = \frac{M_{\max}}{W_z} = \frac{787.5 \times 10^6 \mathrm{N} \cdot \mathrm{mm}}{4.88 \times 10^6 \mathrm{mm}^3} = 161.37 \mathrm{MPa} < [\sigma]$$

满足正应力强度条件。

（3）校核切应力强度

$$F_{\mathrm{S, \, max}} = 375 \mathrm{kN}, \quad S_{z, \, \max} = 2.79 \times 10^6 \mathrm{mm}^3$$

$$\tau_{\max} = \frac{F_{\mathrm{S, \, max}} S_{z, \, \max}}{b I_z} = \frac{375 \times 10^3 \mathrm{N} \times 2.79 \times 10^6 \mathrm{mm}^3}{10 \mathrm{mm} \times 2.06 \times 10^9 \mathrm{mm}^4} = 50.79 \mathrm{MPa} < [\tau]$$

（4）按第三强度理论校核 $D$ 点的强度

首先算出 $C$ 截面的左或右邻横截面上 $D$ 点的正应力 $\sigma_x$ 和切应力 $\tau_{xy}$。

$$\sigma_x = \frac{M_{\max}}{I_z} \cdot y_D = \frac{787.5 \times 10^6 \mathrm{N} \cdot \mathrm{mm}}{2.06 \times 10^9 \mathrm{mm}^4} \times 400 \mathrm{mm} = 152.91 \mathrm{MPa}$$

$$\tau_{xy} = \frac{F_{\mathrm{S, \, max}} S_z}{b I_z} = \frac{375 \times 10^3 \mathrm{N} \times 19.89 \times 10^5 \mathrm{mm}^3}{10 \mathrm{mm} \times 2.06 \times 10^9 \mathrm{mm}^4} = 36.21 \mathrm{MPa}$$

最后利用式（7-18）可得第三强度理论的相当应力为

$$\sigma_{\mathrm{r3}} = \sqrt{\sigma_x^2 + 4 \tau_{xy}^2} = 169.19 \mathrm{MPa} < [\sigma]$$

满足强度条件。

## 7.5　组合变形

### 7.5.1　组合变形的概念及其求解方法

**1. 组合变形的概念**

在实际工程中，许多杆件往往并不处于单一的基本变形，而可能同时存在着几种基本变形，它们的每一种变形所对应的应力或变形属同一量级，在杆件设计计算时都必须考虑。杆件在荷载作用下，同时产生两种或两种以上基本变形的情况称为组合变形。

例如图 7-16（a）所示烟囱，自重引起轴向压缩变形，横向风荷载 $q$ 又引起弯曲变形，当烟囱高度较大时，这两种变形均应考虑，此时杆件的变形为压缩（拉伸）与弯曲的组合变形；又如，图 7-16（b）所示的杆件，横向集中力 $F$ 使杆件发生弯曲变形，主动力偶 $M_e$ 使杆件发生扭转变形，此时杆件的变形为弯曲与扭转的组合变形；再如，图 7-16（c）所示矩形截面悬臂梁，$F_y$ 作用下梁在 $xy$ 面内发生平面弯曲，$F_z$ 作用下梁在 $xz$ 面内发生平面弯曲，$F_y$、$F_z$ 共同作用下，梁同时在两个相互垂直的形心主惯性平面内发生平面弯曲，这类弯曲变形称为斜弯曲。

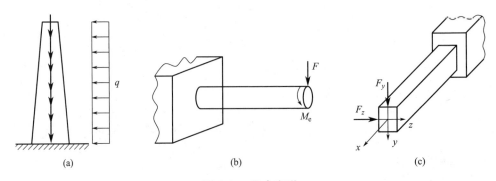

图 7-16　组合变形

**2. 组合变形的求解方法**

在小变形、线弹性材料的前提下，杆件同时存在几种基本变形，每一种基本变形都是彼此独立的，即在组合变形中的任一种基本变形都不会改变另外一种基本变形相应的应力和变形。这样，对于组合变形问题就能用叠加原理进行计算。具体的方法及步骤是：

① 找出构成组合变形的所有基本变形，将荷载化简为只引起这些基本变形的相当力系。

② 按构件原始形状和尺寸，计算每一组基本变形的应力和变形。

③ 叠加各基本变形的解（矢量和），得组合变形问题的解，然后进行强度和刚度校核。

### 7.5.2　组合变形实例

图 7-17 所示矩形截面悬臂柱，集中力 $F$ 的作用线平行于杆的轴线但不与轴线重合，杆件发生的变形称为偏心压缩（偏心拉伸）。偏心拉伸（压缩）是轴向拉伸（压缩）与弯

曲的组合变形。设该柱的轴线为 $x$ 轴，横截面的两个形心主惯轴分别为 $y$ 轴和 $z$ 轴，偏心压力 $F$ 作用于顶面上的 $A$（$e_y$，$e_z$）点，$e_y$、$e_z$ 分别为压力 $F$ 至 $z$ 轴和 $y$ 轴的偏心距。当 $e_y \neq 0$，$e_z \neq 0$ 时，称为双向偏心压缩；而 $e_y$、$e_z$ 之一为零，则称为单向偏心压缩。

将偏心压力向横截面形心简化如图 7-17（b）所示，有轴向压力 $F$ 以及作用在 $Oxz$ 平面内的附加力偶矩 $M_y$ 和作用在 $Oxy$ 平面内的附加力偶矩 $M_z$。此时，$F$ 使杆件发生轴向压缩，$M_z$ 使杆件在 $Oxy$ 平面内发生弯曲，$M_y$ 使杆件在 $Oxz$ 平面内发生弯曲。即双向偏心压缩（拉伸）为轴向压缩（拉伸）与两个平面弯曲的组合变形。

各个横截面的内力分别为 $F_N = -F$，$M_y = Fe_z$，$M_z = Fe_y$。现求任意横截面 $mn$ 上，任一点 $K$（$y$，$z$）处的正应力，如图 7-17（c）所示。

先分别求出各内力分量在横截面上 $K$ 点产生的正应力。轴力产生正应力为

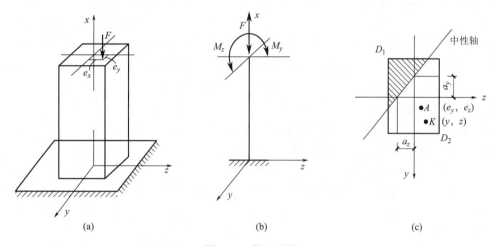

图 7-17　偏心压缩

$$\sigma' = -\frac{F}{A} \tag{a}$$

式中，$A$ 为横截面面积。对应于 $M_z$、$M_y$ 两平面弯曲的正应力分别为

$$\sigma'' = -\frac{M_z}{I_z}y \tag{b}$$

$$\sigma''' = -\frac{M_y}{I_y}z \tag{c}$$

式中，$I_y$、$I_z$ 为横截面的形心主惯性矩。根据叠加原理，可得横截面上 $K$ 点的正应力为

$$\sigma = \sigma' + \sigma'' + \sigma''' = -\left(\frac{F}{A} + \frac{M_y}{I_y}z + \frac{M_z}{I_z}y\right) \tag{d}$$

引入横截面对形心主惯性轴的回转半径 $i_y^2 = I_y/A$，$i_z^2 = I_z/A$，并将 $M_y = Fe_z$，$M_z = Fe_y$ 代入式（d），得 $\sigma = -\left(\dfrac{F}{A} + \dfrac{Fe_z}{Ai_y^2}z + \dfrac{Fe_y}{Ai_z^2}y\right)$，再进一步化简可得

$$\sigma = -\frac{F}{A}\left(1 + \frac{e_z}{i_y^2}z + \frac{e_y}{i_z^2}y\right) \tag{7-19}$$

为了确定横截面为任意形状的偏心受压杆件的危险点位置，需要先确定中性轴的位

置。设中性轴上任意点的坐标为（$y_0$，$z_0$），因中性轴上各点的正应力等于零，由式（7-19）得中性轴方程为

$$1+\frac{e_z}{i_y^2}z_0+\frac{e_y}{i_z^2}y_0=0 \tag{7-20}$$

上式表明，偏心拉伸（压缩）时，横截面的中性轴是一条不通过横截面形心的直线。设 $a_y$、$a_z$ 分别表示中性轴在坐标轴上的截距，如图 7-17（c）所示，由式（7-20）可得

$$a_y=-\frac{i_z^2}{e_y} \quad a_z=-\frac{i_y^2}{e_z} \tag{7-21}$$

上式表明，中性轴与偏心集中力作用点位于形心相对的两侧。如图 7-17（c）所示，中性轴将横截面划分为拉伸和压缩两个区域，在离中性轴最远的点处为危险点（$D_1$、$D_2$），而危险点又处于单向应力状态，可按强度条件 $\sigma_{\max}\leqslant[\sigma]$ 进行强度计算。

由式（7-21）可知，对偏心受压杆来说，当偏心压力 $F$ 作用点的位置变化时，中性轴在坐标轴上的截距也随之变化。只要偏心压力的作用点在截面形心附近的某一区域时，中性轴就与截面相切或相离，这样，在偏心压力作用下，截面上将只产生压应力，而不出现拉应力。通常将该区域称为截面核心。工程中的受压构件常采用砖、石、混凝土等材料，这些材料的抗拉强度远远小于其抗压强度，当偏心压力作用在截面核心内时，杆件截面上就不会出现拉应力，有利于发挥材料的抗压潜力。另，截面核心是截面的一种几何特征，它只与截面的形状和尺寸有关，而与外力的大小及材料无关。下面以图 7-18 所示的矩形截面为例，分析截面核心的确定方法。

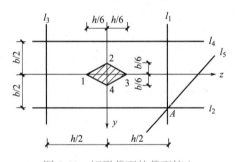

图 7-18 矩形截面的截面核心

由式（7-21）得，偏心压力作用点坐标（$e_z$，$e_y$）分别为

$$e_z=-\frac{i_y^2}{a_z} \quad e_y=-\frac{i_z^2}{a_y} \tag{e}$$

取图示切线 $l_1$ 作为中性轴，其截距为 $a_z=h/2$，$a_y=\infty$，代入式（e），并注意到 $i_z^2=b^2/12$，$i_y^2=h^2/12$，可得

$$e_{z1}=-\frac{i_y^2}{a_z}=-\frac{h^2/12}{h/2}=-\frac{h}{6}, \quad e_{y1}=-\frac{i_z^2}{a_y}=0$$

即为偏心压力作用点 1 的坐标 $\left(-\dfrac{h}{6},\ 0\right)$。

取图示切线 $l_2$ 作为中性轴，其截距为 $a_z=\infty$，$a_y=b/2$，代入式（e），得

$$e_{z2}=-\frac{i_y^2}{a_z}=0, \quad e_{y2}=-\frac{i_z^2}{a_y}=-\frac{b^2/12}{b/2}=-\frac{b}{6}$$

即为偏心压力作用点 2 的坐标 $\left(0,-\dfrac{b}{6}\right)$。

同理，取切线 $l_3$、$l_4$ 作为中性轴，偏心压力作用点 3、4 的坐标分别为 $\left(\dfrac{h}{6},\ 0\right)$，

$\left(0,\ \dfrac{b}{6}\right)$。

按照上述方法，取切线 $l_5$（过角点 $A$）作为中性轴，将 $(z_0,\ y_0)=(h/2,\ b/2)$ 代入中性轴方程，即式（7-20）得

$$1+\frac{6}{h}e_z+\frac{6}{b}e_y=0$$

即通过矩形截面角点 $A$ 的所有直线作为中性轴时，相应的偏心压力的作用点 $(e_z,\ e_y)$ 在一条直线上。这是普遍规律，即过同一点的若干中性轴，对应的偏心压力作用点位于一条直线上。因而，当中性轴绕 $A$ 点从 $l_1$ 位置转动到（转向以中性轴与截面相切为准）到 $l_2$ 位置时，偏心压力作用点从 1 点沿过 1、2 两点的直线移动到 2 点。所以 1、2 两点间的直线段为截面核心的部分边界。同理，再连接 2、3 点，3、4 点，4、1 点间的直线段，所构成的区域即为截面核心。

【例 7-8】图 7-19 所示受力杆件中，$F$ 的作用线与棱 $AB$ 重合，$F$、$l$、$b$、$h$ 均为已知。试求杆件横截面上的最大应力并说明其位置。

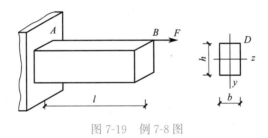

图 7-19　例 7-8 图

解：将力 $F$ 平移至横截面形心处后，对 $z$ 轴和 $y$ 轴的附加力偶矩分别为

$$M_y=F\cdot\frac{b}{2}\qquad M_z=F\cdot\frac{h}{2}$$

轴向拉力 $F$ 作用下，横截面上的拉应力均匀分布，其值为 $\dfrac{F}{A}$。$M_y$ 作用下，横截面上 $y$ 轴的右侧受拉，最大拉应力在截面的右边缘处，其值为 $\dfrac{M_y}{W_y}$。$M_z$ 作用下，横截面上 $z$ 轴的上侧受拉，最大拉应力在截面的上边缘处，其值为 $\dfrac{M_z}{W_z}$。三者共同作用下，横截面的右边缘与上边缘的交点 $D$ 处拉应力最大，其值为

$$\sigma_{\mathrm{t,\ max}}=\frac{F_{\mathrm{N}}}{A}+\frac{M_y}{W_y}+\frac{M_z}{W_z}=\frac{F}{bh}+\frac{F\cdot\dfrac{b}{2}}{\dfrac{1}{6}b^2h}+\frac{F\cdot\dfrac{h}{2}}{\dfrac{1}{6}bh^2}=\frac{7F}{bh}$$

## 思考题

7-1　什么是一点处的应力状态？什么是平面应力状态？试列举平面应力状态的实例。

7-2　什么是主平面？什么是主应力？如何确定主应力的大小与方位？

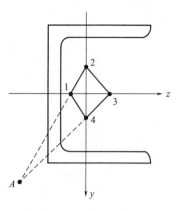

图 7-20　题 7-7 图

7-3　什么是广义胡克定律？该定律是如何建立的？应用条件是什么？

7-4　水管在冬天常有冻裂现象，根据作用与反作用原理，水管壁与管内所结冰之间的相互作用力应该相等，为什么结果不是冰被压碎而往往是水管冻裂？

7-5　一个空间单元体，三个主应力相等且为压应力，根据第三、第四强度理论，这种应力状态下是不会导致破坏的，这种说法是否正确？为什么？

7-6　解组合变形采用什么基本方法？它有什么前提？

7-7　如图 7-20 所示横截面为槽钢的柱，四边形 1234 是其截面核心，若有一作用线平行于柱轴线的集中力 $F$ 作用于 12 边和 34 边延长线的交点 $A$。试确定中性轴的大致位置，并说明理由。

# 习题

7-1　试求图 7-21 中各单元体 $a$-$b$ 面上的正应力和切应力（图中应力单位为 MPa）。

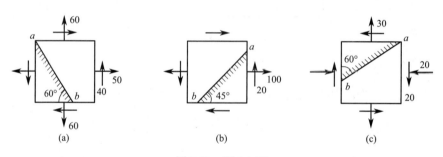

图 7-21　题 7-1 图

7-2　各单元体上的应力情况如图 7-22 所示（图中应力单位为 MPa），试求各点的主应力 $\sigma_1$、$\sigma_2$、$\sigma_3$ 值及 $\sigma_1$ 的方位。

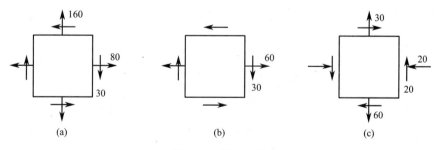

图 7-22　题 7-2 图

7-3　各单元体上的应力情况如图 7-23 所示。试求主应力及最大切应力（图中应力单位为 MPa）。

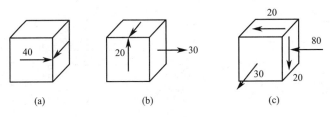

图 7-23  题 7-3 图

7-4  边长为 $a$ 的正方体钢块放置在如图 7-24 所示刚性槽内（立方体与刚性槽间设有空隙），在钢块的顶面上作用 $q=140$MPa 的均布压力，已知 $a=20$mm，材料的弹性模量 $E=200$GPa，泊松比 $\mu=0.3$。试求钢块中沿 $x$，$y$，$z$ 三个方向的正应力。

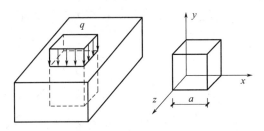

图 7-24  题 7-4 图

7-5  如图 7-25 所示钢杆，横截面尺寸为 20mm×40mm，材料的弹性模量 $E=200$GPa，泊松比 $\mu=0.3$，已知 $A$ 点与轴成 30°方向的线应变 $\varepsilon=270\times10^{-6}$。试求荷载 $F$ 值。

7-6  如图 7-26 所示工字形钢梁，材料的弹性模量为 $E$，泊松比为 $\mu$，横截面腹板厚度为 $d$、对 $z$ 轴的惯性矩为 $I$、中性轴以上部分对中性轴的静矩为 $S$，今测得中性层 $K$ 点处与轴线成 45°方向的线应变为 $\varepsilon$，试求荷载 $F$。

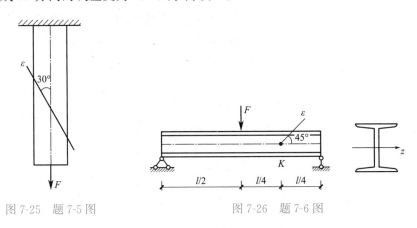

图 7-25  题 7-5 图          图 7-26  题 7-6 图

7-7  某铸铁杆件危险点处的应力状态如图 7-27 所示（图中应力单位为 MPa），已知材料的许用拉应力 $[\sigma_t]=40$MPa，试校核该点的强度。

7-8  两端简支的钢板梁，梁的截面尺寸（单位为 mm）及梁上荷载如图 7-28 所示，已知 $F=120$kN，$q=2$kN/m，材料的许用正应力 $[\sigma]=160$MPa，许用切应力 $[\tau]=100$MPa。试全面校核梁的强度。

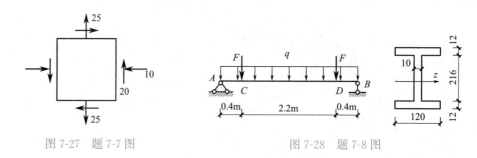

图 7-27　题 7-7 图　　　　　　　　　　　图 7-28　题 7-8 图

7-9　如图 7-29 所示结构中，$BD$ 杆为 I16 工字钢，已知 $F=12$kN，钢材的许用应力 $[\sigma]=160$MPa。试校核 $BD$ 杆的强度。

7-10　如图 7-30 所示结构中，$BC$ 为矩形截面杆，已知 $a=1$m，$b=120$mm，$h=160$mm，$F=6$kN。试求 $BC$ 杆横截面上的最大拉应力和最大压应力。

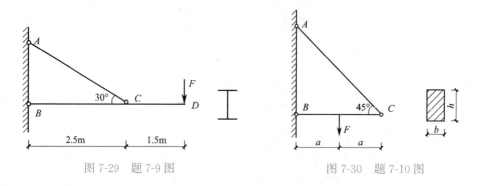

图 7-29　题 7-9 图　　　　　　　　　　　图 7-30　题 7-10 图

7-11　如图 7-31 所示正方形截面杆，$F=12$kN，许用应力 $[\sigma]=10$MPa，试确定截面边长 $a$。

7-12　如图 7-32 所示矩形截面偏心受压柱，力 $F$ 的作用点位于 $z$ 轴上，偏心距为 $e$。$F$、$b$、$h$ 均为已知。试求柱的横截面上不出现拉应力时的最大偏心距。

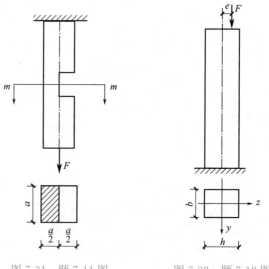

图 7-31　题 7-11 图　　　　图 7-32　题 7-12 图

7-13　如图 7-33 所示矩形截面杆，用应变计测得杆件上、下表面的轴向正应变分别为 $\varepsilon_a = 1 \times 10^{-3}$，$\varepsilon_b = 0.4 \times 10^{-3}$。已知 $b = 10\text{mm}$，$h = 25\text{mm}$，材料的弹性模量 $E = 210\text{GPa}$。(1) 试绘制截面上正应力分布图；(2) 求拉力 $F$ 及其偏心距 $e$ 的值。

7-14　如图 7-34 所示受力杆件中，$F$ 的作用线平行于杆轴线，$F$、$l$、$b$、$h$ 均为已知。试求杆件横截面上的最大压应力并指明其所在位置。

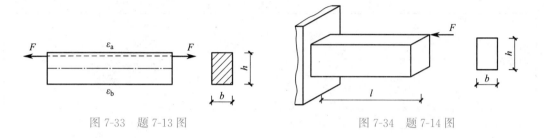

图 7-33　题 7-13 图　　　　　　　　　　　　　　图 7-34　题 7-14 图

# 附录

| | |
|---|---|
| 附录 A 平面图形的几何性质 | |
| 附录 B 简单荷载作用下梁的转角和挠度 | |

| | | |
|---|---|---|
| 附录 C 型钢表 | 附表 C-1 热轧工字钢 | |
| | 附表 C-2 热轧槽钢 | |
| | 附表 C-3 热轧等边角钢 | |
| | 附表 C-4 热轧不等边角钢 | |